地震予測は進化する!

「ミニプレート」理論と地殻変動

村井俊治
Murai Shunji

a pilot of wisdom

目次

はじめに —— 8

第一章　「地震に関する常識」を疑う —— 13
■地震は予測できない？
■地震は活断層が原因？
■地震は「プレート」が沈み込んで起こる？
■「南海トラフ」だけにとらわれてはいけない
■地震は「何年に一度」という確率で起こる？

第二章　地震の「前兆検知」への挑戦 —— 31
■「MEGA地震予測」の基本システム
■独自の観測点を設置
■全国一八カ所に独自観測点を拡大
■隆起・沈降・水平変動の「見える化」

■高さ方向の長期傾向変化の把握
■ノイズチェックの監視
■「宏観異常現象」について
■インフラサウンドセンサー
■測位衛星からの搬送波の異常遅延
■疑似的な異常気温変動
■「前兆検知」のあらゆる可能性に挑戦する

第三章 「ミニプレート」が動くから地震が起きる――79

■熊本地震で「ミニプレート」に着目する
■日本列島を八つのクラスタに分ける
■既存の地体構造図との比較
■「ミニプレート」は変動している
■地震と「ミニプレート」の関係

■断層と「ミニプレート」
■東日本大震災を「ミニプレート」で再検証する

第四章　日本列島はこの先、どのように「動く」のか　107
■北海道・青森県
■東北・北関東
■南関東
■北信越・中部
■近畿
■中国・四国
■九州
■南西諸島

おわりに　166

はじめに

地震予測の研究を始めてから一七年、東日本大震災前に〝前兆〟に気付いていながら予測を発信できず悔しい思いをしてから八年、株式会社地震科学探査機構（ＪＥＳＥＡ）を設立してから六年、そして、集英社新書から前著『地震は必ず予測できる！』を上梓《じょうし》してから四年が経過した。地震が頻繁に起こるこの日本で、できるだけ正確な予測をして被害を最小限にとどめたいという思いは強まるばかりだ。

地震予測の研究を始めた経緯については前著に詳述しているので、そちらを参照していただきたいが、正直言って、当初は、私の専門領域である測量工学やリモートセンシング（遠隔探査）とは異なる領域に足を突っ込んでしまった――と思っていた。

「衛星測位システム（ＧＮＳＳ）によって観測される地表の三次元的位置座標の変動から

地震予測をする」という方法にこだわってきたのは、それが測量工学の応用であり、私が培ってきた専門領域の知識と経験を活《い》かせると思ったからだ。しかし、直接手を触れずに地象を観測するリモートセンシングは、地震予測とは異なる領域だと思っていたのである。

しかし、この二年間ほどで、測量工学もリモートセンシングも、地震予測には不可欠の技術であるとはっきり認識することができた。とりわけ、地理情報システム（ＧＩＳ）は地殻の変動を「見える化」する上で大いに役立った。気が付いてみたら、私の専門領域を総動員して地震予測に取り組んでいたのである。

地震予測の研究に入り込むにつれ、地震とはいかに複雑な地象現象であるか、ということを痛いほど思い知らされた。

地震発生のメカニズムは、一つの方程式やモデルで表されるほど単純ではない。地震の一つひとつが、それぞれ異なる特徴を持っている。それだけに、既存の知識や常識に縛られない態度が大切であるし、専門領域に拘泥しない態度が求められる。私は、あらゆる可能性を排除しない考えで地震予測に取り組んできた。

前著の刊行後、地震予測に関して四つの特許を取得した。四つの特許とは、①超低周波の電磁波の異常変動、②測位衛星からの搬送波の異常遅延、③疑似的な気温異常変化によって地震を予測する三つのシステムと、④測位衛星データの変動をクラスタリングすることによる地体（ミニプレート）分類である。①〜③は、地震発生前に観測されると言われる「宏観《こうかん》異常現象」を事前に検知して予測する事例だ。これらを補完的な地震予測として活用できないか研究中であり、本書第二章の中で具体的に紹介したい。そして、④は本書のメインテーマというべきもので、従来の地殻変動分析をアップデートする新しい発見である。第三章で詳しく解説したい。


私はさまざまな主催団体の下で講演を行なっているが、常に「辻説法《つじせっぽう》」のつもりで、理解してもらう努力を続けている。新聞、テレビ、週刊誌などのメディアには、その時点で得られた最新の情報を提供してきた。

本書でも、この態度は同じである。地震災害の減災に役立つことなら、全て提供することが使命と思っている。本書を最後まで読んでくださることをお願いしたい。必ずや、読者にとって新しい発見があると信じる次第である。

第一章　「地震に関する常識」を疑う

■地震は予測できない？

ＪＥＳＥＡでは、毎週、メルマガとアプリで「ＭＥＧＡ地震予測」を有料登録会員向けに発信しており、約五万人もの人が会員になってくれている（二〇一九年四月現在）。

とはいえ、多くの人は「地震予測なんてできない」と思っているだろう。

政府および地震学者は、過去、東海地震を予知するためにさまざまな観測装置を設置し、多額の国家予算を投じてきたが、東日本大震災の後で「地震予知困難宣言」を発表。東海地震の予知を放棄して、地震が起きたときの対策に軸足を移している。したがって、一般市民が「地震予測なんてできない」と思うのは当然であろう。

だが、「予知」と「予測」は異なる。ここに注意していただきたい。

前著でも述べたことだが、「予知」というのは、「いつ、どこでどれくらいの規模の地震が起きるかを正確に言い当てて警報を出せる」レベルのものである。たしかに、そのようなことは現段階ではとても不可能であろう。

私がいま行なっている「予測」は、一定の地域ごとに、次のような警告を発するものである。

- 要警戒（震度5弱以上の地震が発生する可能性が非常に高い）
- 要注意（震度5弱以上の地震が発生する可能性が高い）
- 要注視（震度5弱以上の地震が発生する可能性がある）

当然ながら、これで十分というわけではなく、時間的・空間的な精度を、より高めなくてはならない。

一番の課題は、異常を検知してから実際の地震が起きるまでのタイムラグが、まだ大きいことだ。これまでの経験上、大きな地震ほど、あるいは震源が深いほど、異常を検知してから地震が発生するまでの時間が長くなる傾向にある。そのため、結果的に、大きな地震が起こる場合には「要警戒」を出している期間が長くなってしまうのだ。

そういった難点を少しでも改善するために、本書でこれから述べるような、さまざまなアプローチを行なっているわけである。

課題はあるとはいえ、こうした試み自体に、私は、意味があると確信している。「予知」は無理でも「予測」はできるし、できるようにしなくてはならない——というのが私の基本的な考えである。

地震大国に住む日本人の命を救うには、地震予測の技術革新が必須である。

過去四〇〇〇年間で、死者一〇〇〇人以上の大地震は二九回起きている。約一四年間に一度の割合である。しかし、大地震は等間隔で起きるわけではない。一九四八年の福井地震から九五年の阪神・淡路大震災まで、四七年間も大地震は起きなかった。しかし、それからわずか一六年で東日本大震災が発生した。大地震が発生する間隔はランダムであり、「何年周期で地震が起きる」などと議論することはナンセンスである。

だからこそ、「●年以内に起きる確率は●%」などという占いレベルのものではなく、科学的根拠に立脚した地震予測技術を開発しなくてはならないのである。

■地震は活断層が原因？

大きな地震が起きると、地震の専門家が新聞・テレビなどで「震源の近くに活断層があり、その活断層が動いて地震が起きた」と解説する。

では活断層とは、どこに、どのくらいあるのか。

産業技術総合研究所（産総研）がネットで公開している日本の活断層の分布図を見ると、日本列島には多数の活断層が毛細血管のように走っている。したがって、地震が起きると、ほとんどの場合、震源の近くには何らかの活断層が見つかる。そして、専門家は「活断層が動いたから地震が起きた」と結論付けるのだ。

活断層は「第四紀後半の数十万年前にずれた新しい断層」と定義されているが、曖昧さや不確定性があることは否めない。政府の地震調査研究推進本部（地震本部）は、日本にある約二〇〇〇の活断層のうち、一一四の断層帯を「主要活断層帯」として指定し、地震の発生危険度が高いとして重点調査をしている。一八ページの【図1】は地震本部が公開

図１　主要活断層帯

(出典：地震本部ホームページ)

している主要活断層帯である。

地震本部のホームページに掲載されている「主要活断層の評価結果」には「ランク分けに関わらず、日本ではどの場所においても、地震による強い揺れに見舞われるおそれがあります」と断りが書かれている。たしかに、断層近くでは地震の被害は大きい。しかし、断層がない場所でも大きな被害は起きている。また、河川敷や埋立地などの軟弱地盤では、断層がなくても被害は甚大になりやすい。

ここに疑問が生じる。「断層が動くから地震が起きる」と言うのなら、断層の動きを測量していなければいけないはずである。私は測量学の専門家であるが、地震予測に役立てるために断層の動きを測量している事例を見たことはない。一方で、地震が起きてから割れ目や段差が生じ、断層ができたことを測量した事例はたくさん知っている。果たして断層は地震の原因なのか、または結果なのであろうか？　科学的には、地震の「結果」であることしか明らかにされていない。

地震は断層がないところにも起きることは、過去の事例から分かる。よく知られている事例に鳥取地震がある。一九四三年に起きた鳥取地震（M〈マグニチュード〉7・2、最大震度6）では一〇〇〇人以上の死者が出た。最近では二〇〇〇年に鳥取県西部地震（M7・3、最大震度6強）、および二〇一六年に鳥取県中部地震（M6・6、最大震度6弱）が起きている。なお、首都圏は関東ローム層に覆われていて断層は地表にはほとんど見られないことから、地震モデルは鳥取県に類似していると言われる。

果たして、地震は「断層」が原因で起きるのか、それとも、別の要素が関係しているのか。私の見解は、第三章で詳しく述べたい。

■地震は「プレート」が沈み込んで起こる？

地震に関する解説でよく目にするのは、「あるプレートが隣のプレートの下に沈み込んで、沈み込まれたプレートが曲がり、跳ね上がって地震が起きる」というものである。だが、海底あるいは地中何十キロメートル下の状況を観測する技術は、現在のところ存在しない。地下の調査をした観測データも存在しない。あくまでも「仮説」である。

震源の位置を三次元的に調査することはできる。【図2】は、震源の分布を三次元的に

図2　震源の分布を三次元的にプロットした図
(2012年1月～2017年4月)

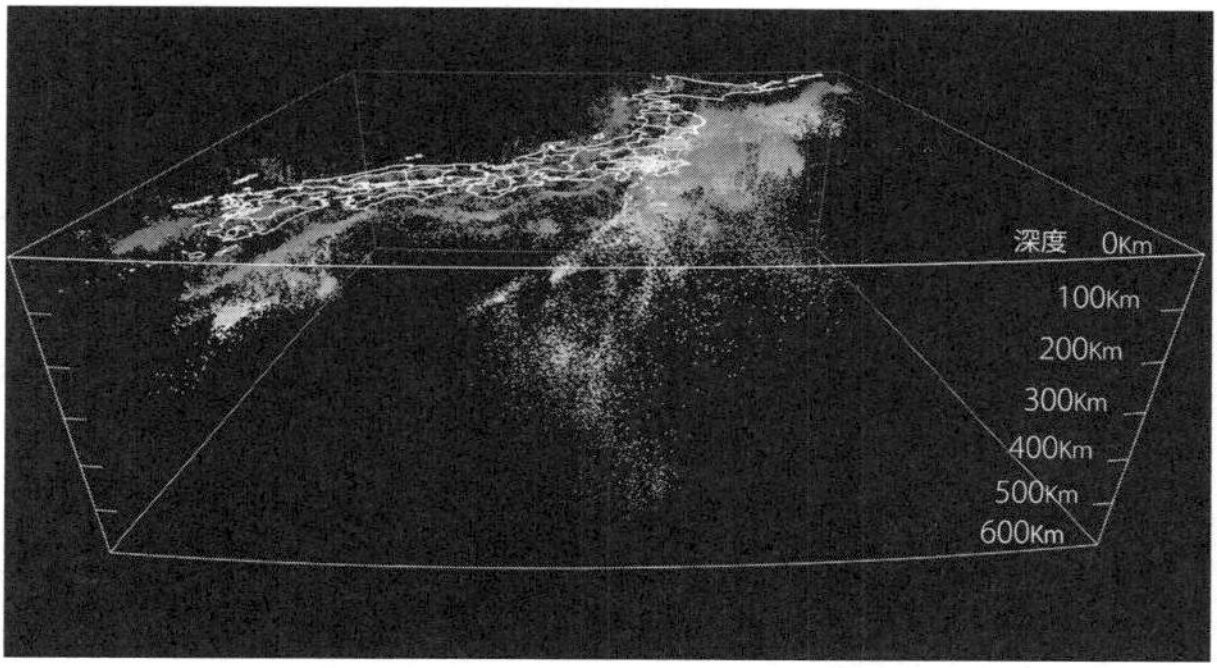

プロットしたものである。

たしかに、ある傾斜した層に沿って震源が集中していることは分かっている。しかし、この層がプレート境界であると推定することはできるかもしれないが、証拠はない。プレートが「沈み込んでいる」という動的な表現は、エビデンスがなければ使えないはずである。また、沈み込まれたプレートが跳ね上がるという運動は、科学的に証明されていない。

大陸が動く、あるいはプレートが動くという大陸移動説は、一九一二年に、ドイツの地球物理学者アルフレート・ヴェゲナーが発表した。発表後、長い間この説は受容されなかったが、第二次世界大戦後の一九五〇年代、および六〇年代にプレートテクトニクス理論が登場すると、大陸移動説は世界的に認められるようになった。そして八〇年代に、遠い電波天体から送られてくる電波を大型アンテナで受信する超長基線電波干渉計（ＶＬＢＩ）という測量技術が開発されると、大陸間の移動が正確に測量できるようになり、大陸移動説は科学的に証明された。実際、日本とハワイは年に六センチずつ近づいていることが測量されている。

このように大陸間の移動は測量できるが、海底の深い位置にあるプレート境界の動きを測量することは、現在でもできていない。

なお、日本の太平洋側の大陸棚の海底の動きは、海上保安庁および大学などが設置した海底基準点により測量されている。現在、岩手県沖、宮城県沖、福島県沖、茨城県沖などの太平洋岸沖に海底基準点が設置されており、その動きは地震予測に大きな貢献をしている。陸域においては、国土地理院の電子基準点（第二章で説明する）によって、日本列島がどのような動きをしているかを観測・分析できる。

【図３】は、二〇一四年から二〇一八年にかけての海底基準点と陸域の電子基準点の水平変動を示したものである。現在、東北地方の陸域は東南東に動いているのに対し、宮城県

図３　海底基準点と電子基準点が捉えた水平変動
(2014年〜2018年)

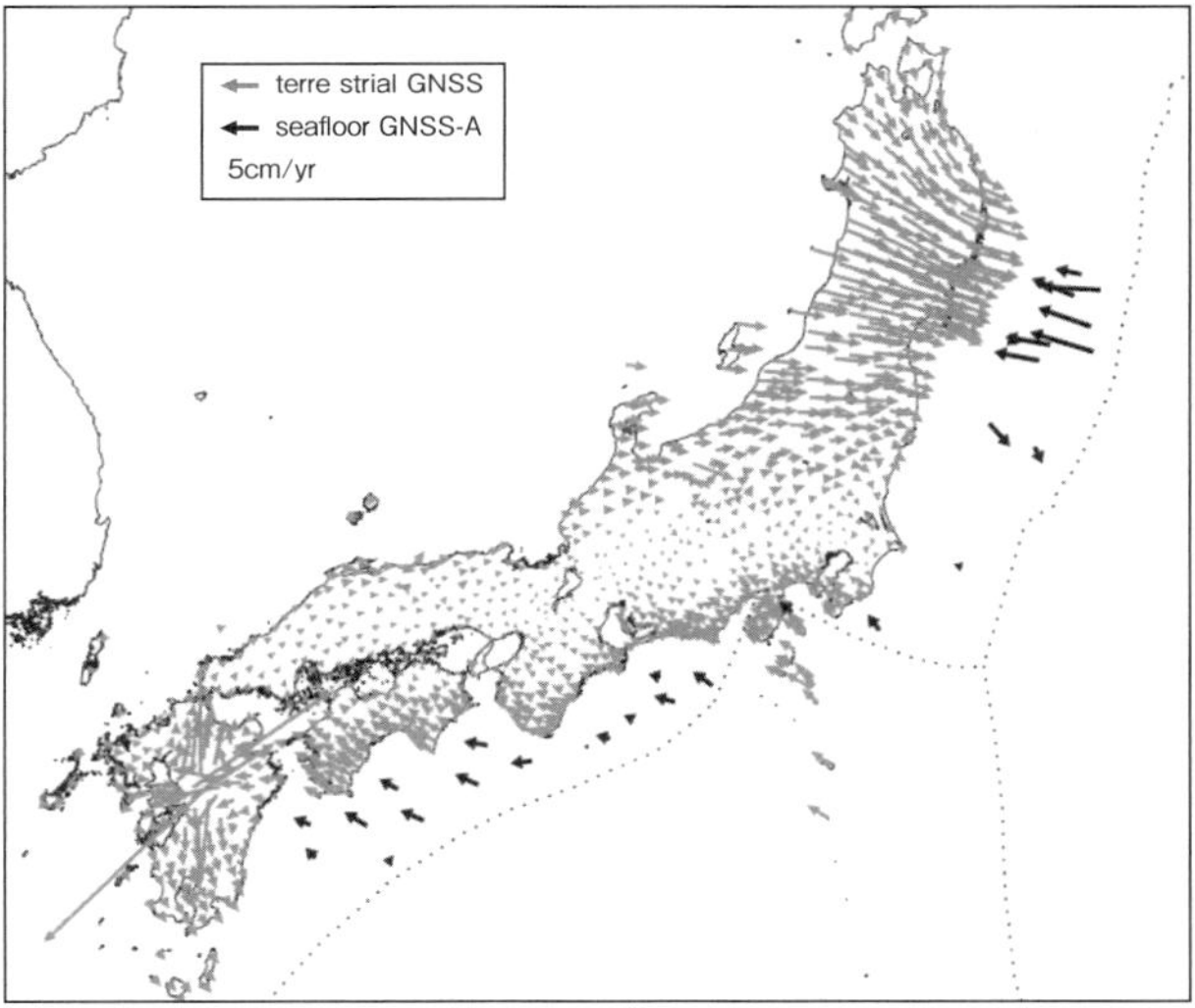

（出典：海上保安庁）

沖は西北西と、反対方向に動いている。つまり、陸域と海域は互いに押し合っている。一方、福島県沖は南東方向に動いており、宮城県沖と反対の動きをしている。矢印の向きが変わる宮城県沖や福島県沖にはひずみが溜《た》まっていると考えられる。

私が強調したいのは、地震予測を仮説や過去の地震記録のみに基づいて行なうのは、医療で言えば、従来の学説と過去の病歴だけで診断するようなものであり、そこには限界があるということである。

現在の医療では、血液検査、心電図検査、MRI検査やCTスキャンなど、さまざまな検査によって総合的な診断を行なっている。地震についても同様で、電子基準点や海底基準点など、実際の観測データに基づいて総合的な予測を行なうことが大切だということである。「プレートが沈み込んでいる／いない」という実証できない議論に時間を費やすよりも、我々が住む大地がどのように動いているのか、「地球の総合的な健康診断」をするべきではないだろうか。

■「南海トラフ」だけにとらわれてはいけない

メディアは、繰り返し「南海・東南海・東海連動地震」あるいは「南海トラフ地震」の恐怖をあおりたてる。だが、その根拠は、単に過去の地震の統計・推計から導き出した推測にすぎない。

私は、従来の地震学とは同じ土俵に上がらないようにしているので、地震学で使われる言葉は、極力、使わないようにしている。したがって「トラフ」、「海溝」、「断層」などの用語は使っていない。また特定の地震、たとえば「南海トラフ地震」をターゲットにした予測は行なっていない。特定のケースにとらわれず、あらゆる地震の可能性を排除しない態度で予測をしているのである。

「南海トラフ」と言うと、どうしても震源を限定してしまう。しかし、南海トラフ以外の場所でも、巨大地震の震源になりうる可能性があることを忘れてはならない。二〇一四年三月一四日に起きた伊予灘《いよなだ》地震（M6・2、最大震度5強）は、国東《くにさき》半島の東沖合の伊予灘を震源にしていた。「南海トラフ地震」が想定される太平洋沖ではなく、瀬戸内海側が震源だったのである。

もちろん「南海トラフ地震」も、「南海・東南海・東海連動地震」も、「首都直下地震」も、起きる可能性がある。だが重要なのは、地震はそれだけではない、という当たり前の事実である。実際、日向灘《ひゅうがなだ》、相模湾《さがみわん》付近、三重県沖など、さまざまな場所で中小の地震が発生している。

想定に縛られることなく、あらゆる可能性を排除しないことが、地震予測の要諦だと私は信じている。特定の震源に限定することで、他の可能性を棄却してしまうことのほうが、はるかにリスクが大きいのではないだろうか。

「日本に安全地帯などないと覚悟し、地震予測を常にチェックして生きています」

「地震イコール恐怖ではなく、準備に利用させていただいています」

「予測が当たる、当たらないということではなく、現象を正確に伝えていただけることが私にとっては重要なことです」

「地球の動きが感じられます。データなどを見るとなぜか心の準備ができます。そしてなぜか安心感も持てます」

これらは、「MEGA地震予測」の会員の方から実際に届けられた声である。こうした声に勇気付けられ、励まされながら、私は毎週、「あらゆる可能性を排除しない」情報発信を続けているのである。

■地震は「何年に一度」という確率で起こる？

重ねて述べるが、私は、地震は確率的に起きるものではないと考えている。

二〇一六年の熊本地震（M7・3、最大震度7）の発生時、熊本地方で三〇年以内に大きな地震が発生する確率は一桁以下、数％とされていた。過去に大きな地震が起きていないと確率が低くなる計算方法だからである。普通の人なら、「ここでは大地震は起きない」と思ってしまうであろう。しかし現実に震度7の大地震が起きた。

阪神・淡路大震災の発生時も、神戸周辺はおよそ四〇〇年も大地震がなく、耐震設計においても安全係数が低くてよい地域であった。ほとんどの人たちは、神戸で地震が起こることは想定していなかった。

一九二三年に起きた関東大震災では、約一〇万人が命を落とした。その後、「過去の事例を考えると、首都圏では六九年ごとに大きな地震が発生する可能性がある」という風説が流れ、新聞・テレビでも取り上げられた時期があった。しかし、六九年が経過した一九九二年には何事も起きなかった。そして現在まで九五年以上が経過したが、首都圏にはまだ、関東大震災なみの地震は起きていない。

要するに、過去を参照した確率論を根拠に警戒しても意味はなく、かといって、確率論が外れたからといって安心するのも誤りだということである。

たとえ過去において「●年に一回」という確率で大地震が起きていたとしても、将来にわたって、同じような確率で起きるわけではない。全ての大地震はことごとくパターンが異なり、想定外である。地球は常に動いて変化しており、数千年前の地球と現在の地球を、同じ統計確率論で論じること自体に無理がある。

実際に測位衛星で地球の変動を観測し、分析していると、地球が日常的に変動している様態が分かる。地球の変動と地震との相関を調べていくと、さまざまな関係が浮かび上がる。高さ方向に異常変動が出て地震が起きる場合もあれば、異常な水平変動が出た後に地震が起きた事例もある。短期間では異常はほとんどないが、長期にわたって累積された変動で地震が起きた事例もある。

二〇一一年の東日本大震災の前と後では、日本列島は大きく変動した。岩手県、宮城県、福島県の太平洋岸は東日本大震災で大きく沈降したが、その後は元に戻ろうと隆起を続けている。一方、秋田県および山形県の日本海側は、震災以後、沈降を続けている。日本列島全体が、二〇一二年一〇月ごろから大きく変動しているのだ。

このように、地球は激しく動き続けており、過去にとらわれた統計確率論では、このダイナミズムに対応することは難しいと私は考えている。

次章では、どのような方法で地震予測の研究をアップデートしてきたのか、具体的に解説していきたい。

第二章　地震の「前兆検知」への挑戦

■「ＭＥＧＡ地震予測」の基本システム

まず、「ＭＥＧＡ地震予測」の基本的なシステムについて述べておく。前著と重複する部分もあるが、例示するデータは、前著刊行後の新しい事例を用いている。

はじめに、ＪＥＳＥＡの地震予測の基本的なシステムを列挙する。

1　地球は常時、三次元的に変動している。通常時より大きい変動が現れる箇所の周辺にはひずみが溜まり、地震を起こす可能性が高い。地震予測にあたっては、震源の位置ではなく、原則として震度5弱以上を示す位置を予測する。

2　地球の異常変動を観測するには、地球の一番動かない点からの変動を計測する必要がある。一番動かない点は地球の重心である。地球の重心を原点とする地球中心座標系（ＸＹＺ）で地表の位置を人工衛星から測定している衛星測位システム（ＧＮＳＳ。アメリカ

図4　衛星測位システム（GNSS）のイメージ

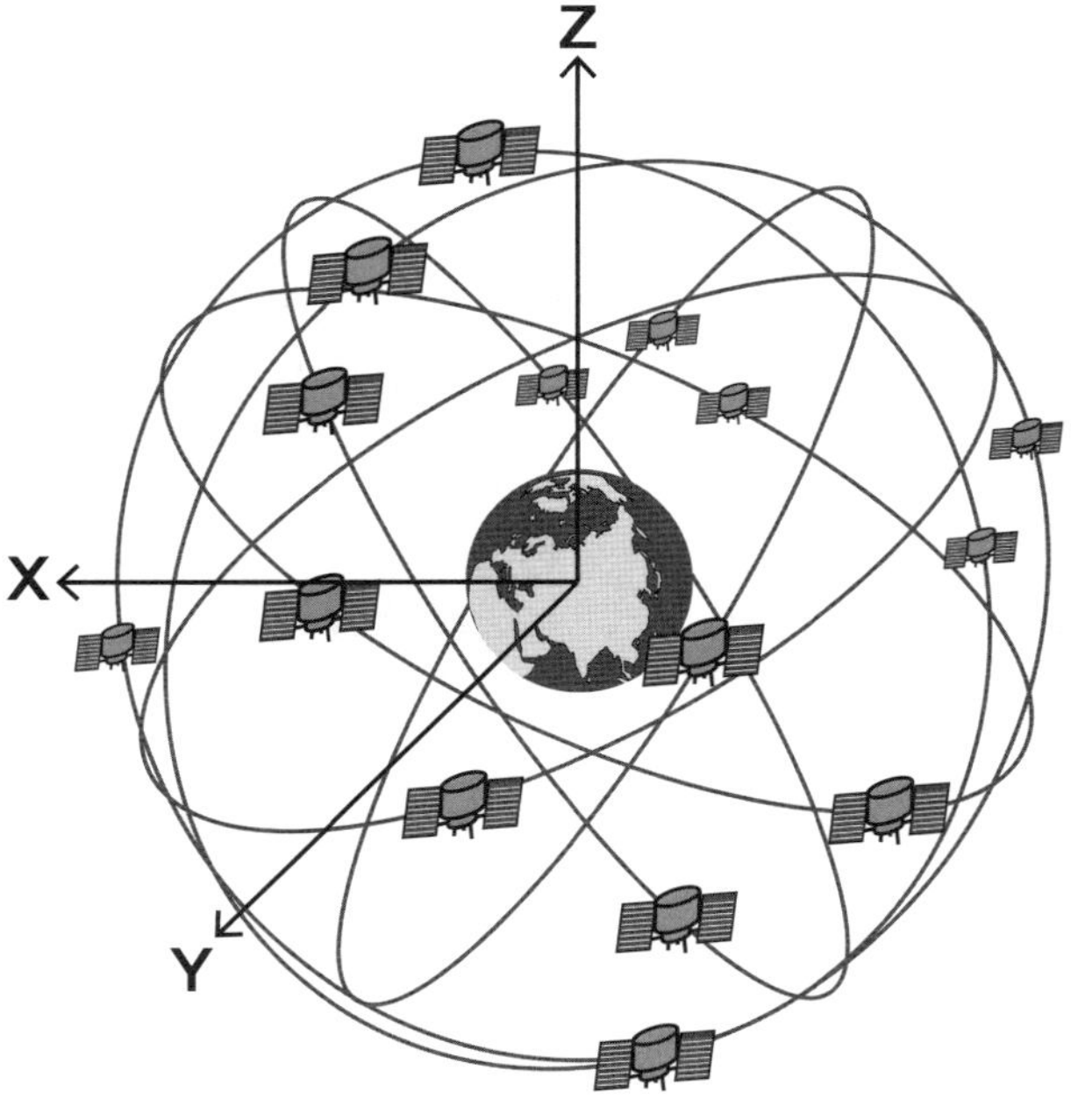

図５　電子基準点

のＧＰＳもその一つ）のデータを使うのが、地球の変動を捉える上で最適と考える。三三ページの【図４】は衛星測位システム（ＧＮＳＳ）の概念を示したものである。ＸＹＺ座標系のＸ軸は赤道面で原点から英国のグリニジ天文台（経度ゼロ）の子午線を通る方向、Ｙ軸は赤道面で東経九〇度を通る方向、Ｚ軸は自転軸の北方向を指す。

3　ＧＮＳＳの精度は五ミリから一センチときわめて高く、毎日観測されている。さらに、日本にはＧＮＳＳの電波を受信する固定受信局（電子基準点）が、国土地理院によって全国の約一三〇〇カ所に設置され、データは無料でダウンロードできる。「ＭＥＧＡ地震予測」では、高さ方向に一週間で四センチ以上変動した電子基準点を、異常変動と判別する。【図5】は電子基準点（茨城県つくば）、三六ページの【図6】は電子基準点の分布図である。

4　地球中心座標系は一般の方には理解しにくいと思われるので、水平方向および高さ方向に変換し、異常変動をグラフ化または画像化し、「見える化」して提供する。

5　長年の経験則から、一週間単位、四週間単位、一年単位などで、地殻の変動および傾向を、予測の指標として選ぶ。地殻の変動は素因であるが、誘因としては大潮などの潮《ちょう》汐《せき》、台風などの大型低気圧の通過、豪雨などが考えられる。

6　地震が起きる可能性の高い指標として、週間高さ変動、四週間水平変動、約一年前を基点とする隆起・沈降を、主として使用し公表する。公表はしないが内部的には、日々のデータのグラフ、東西・北南成分図、累積マップなどを使用している。

図6　電子基準点の分布図

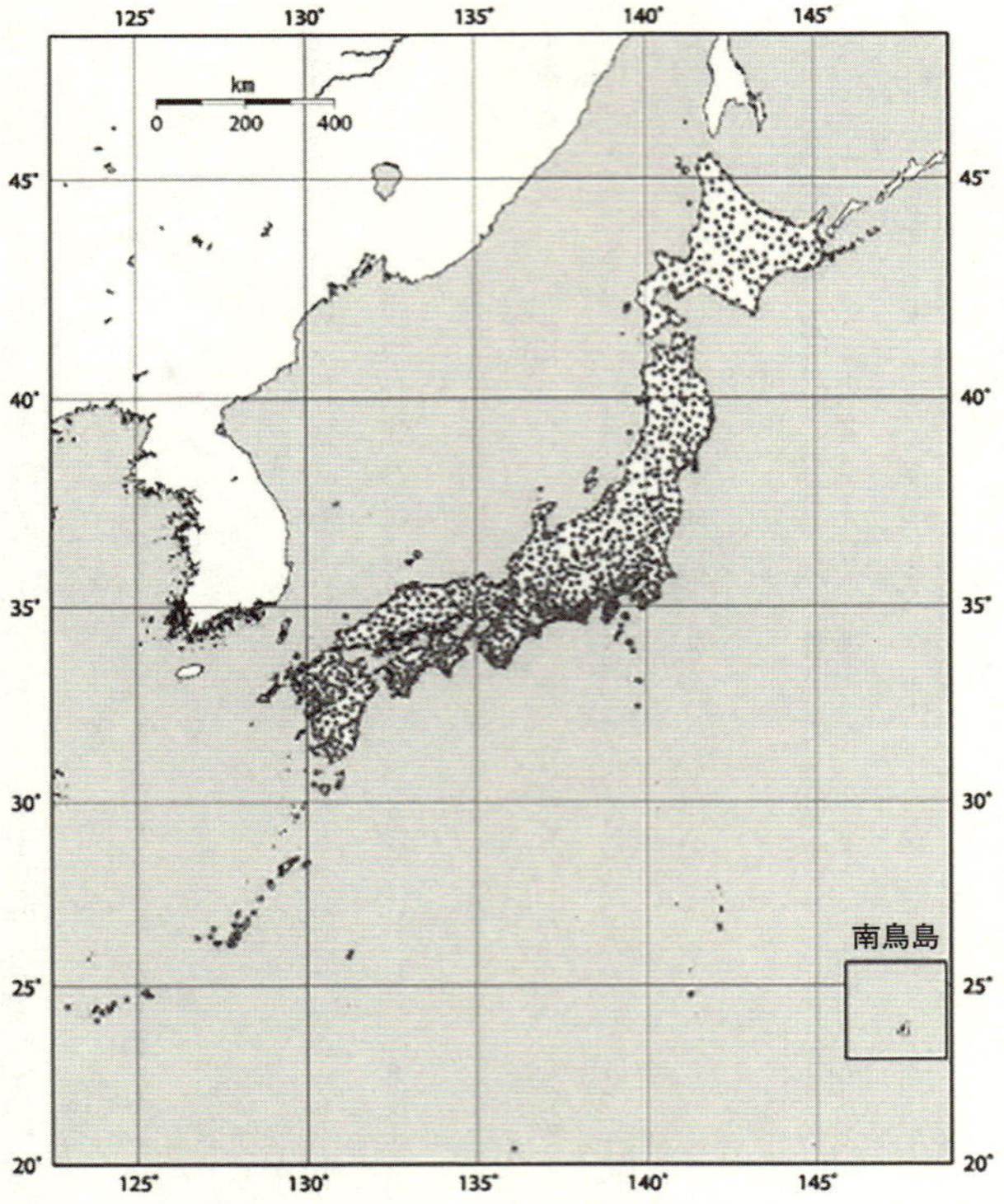

(出典：国土地理院ホームページ http://www.gsi.go.jp/denshi/denshi_about_GEONET-CORS.html)

7 週間高さ変動は、四センチ以上、六センチ以上、八センチ以上と三段階に分けて図示する。ある地域に集中して四センチ以上の週間高さ異常変動が現れると「要警戒」に分類する。三八ページの【図7】は、二〇一七年一月に二週間続けて北信越および東北地方に多数の四センチ超の高さ変動が現れた様子を示している。五カ月後の六月二五日に長野県南部地震（M5・6、最大震度5強）が起きた。

異常変動が出てから実際の地震が発生するまでの期間は不確定だが、一般に大きな地震ほど時間がかかる。正直、時間の予測精度はまだ高くない。

たとえば、長野県北部で二〇一八年五月一二日および二五日に連続して最大震度5弱および5強の地震（ともにM5・2）が起きたが、約三カ月前の二月一四日号で異常を示し「要警戒」を出していたので、北信越の地震予測は的中した。一方、二〇一八年三月一日に起きた西表島《いりおもてじま》地震（M5・6、最大震度5弱）では、南西諸島に大きな水平変動があることを注意喚起していたが、二月四日および二月七日に台湾の花蓮《かれん》でM6・1およびM6・4の大きな地震が起きたので、地震を起こすエネルギーは解消されたと判断し、「要

図７　週間高さ異常変動が一斉に現れた例

（5カ月後の2017年6月25日に最大震度5強の
長野県南部地震が起きた）

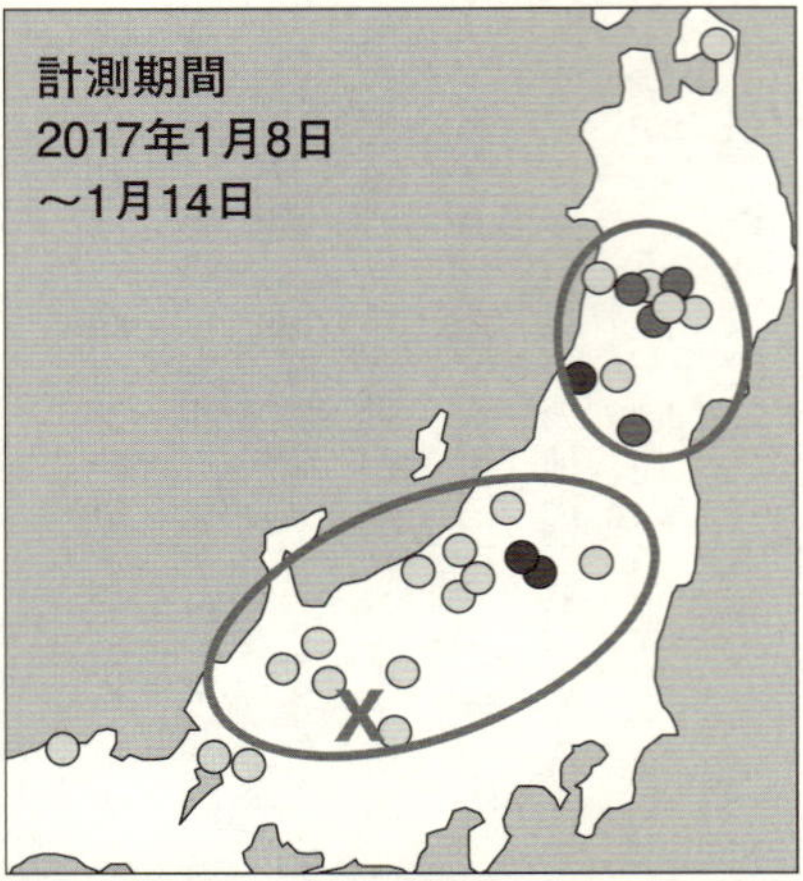

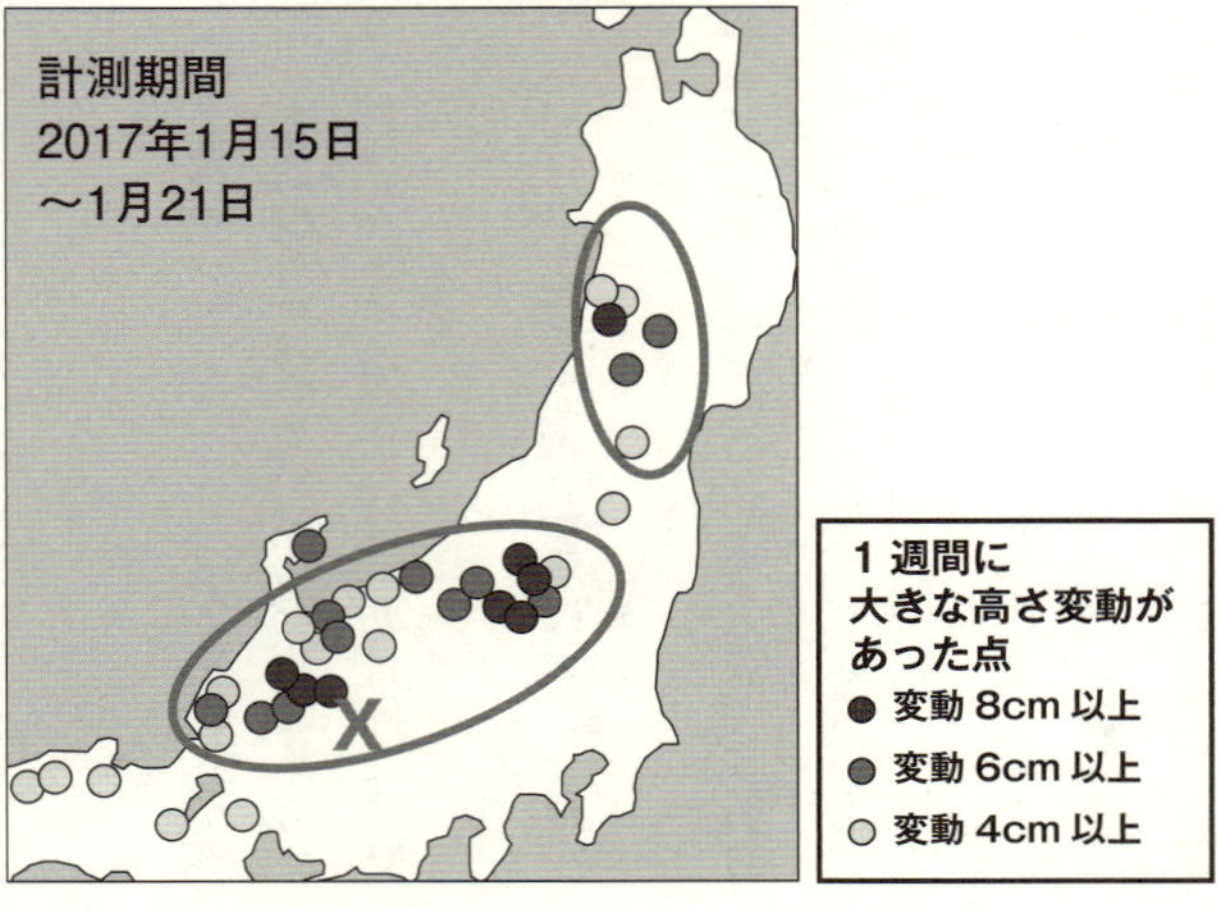

注意」から「要注視」にレベルダウンしてしまった。判断ミスと言ってよい。

8　四週間単位の水平変動を、矢印の水平ベクトル図で表す。二〇一八年七月七日に起きた千葉県東方沖地震（M6・0、最大震度5弱）の場合、地震発生の一七日前の六月二〇日号で、千葉県周辺に大きな変動が現れたことを会員に知らせ、危険状態として警告した。四〇ページの【図8】はそのときの水平ベクトルの異常変動を示したものである。

9　約二年前を基点とした高さの変化を隆起・沈降図に示して、傾向を検証している。経験則では、沈降傾向が地震につながる可能性が高く、隆起傾向は火山活動につながるケースが多い。実際の「MEGA地震予測」では青色が沈降を示すが、その面積が増えてきたら「要注意」か「要警戒」を発信する。二〇一六年四月一六日に起きた熊本地震（M7・3、最大震度7）では、その四カ月前から沈降傾向がはっきり現れ、一、二カ月前には九州全体が青一色に近いほど沈降が進行していた。

また四一ページの【図9】は二〇一八年九月六日に起きた北海道胆振《いぶり》東部地震（M6・

図８　水平ベクトルの異常変動が一斉に現れた例
（17日後の2018年7月7日に最大震度5弱の
千葉県東方沖地震が起きた）

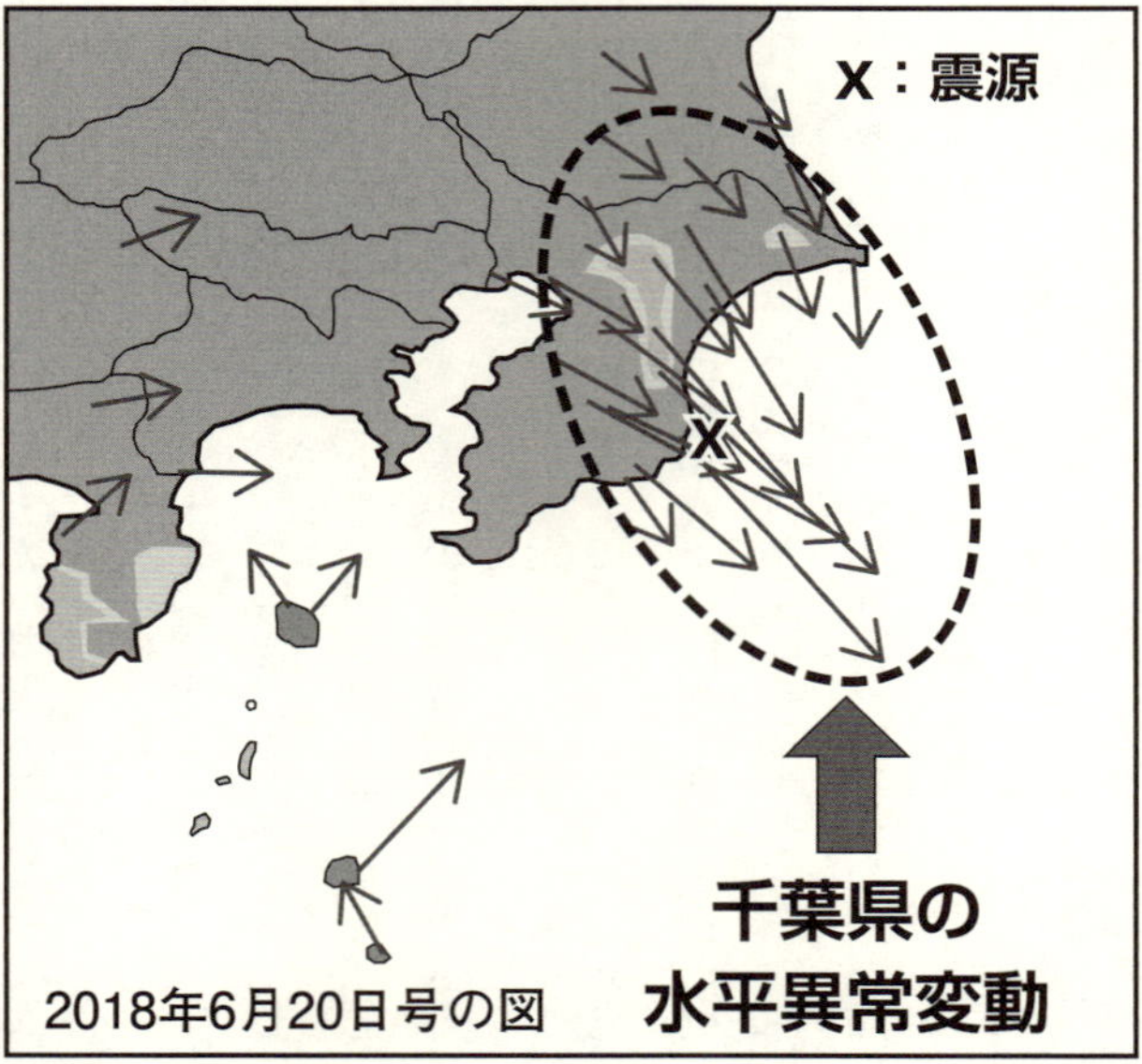

図9　北海道胆振東部地震前の隆起・沈降の変動
（6ヵ月前と直前の沈降を示す）

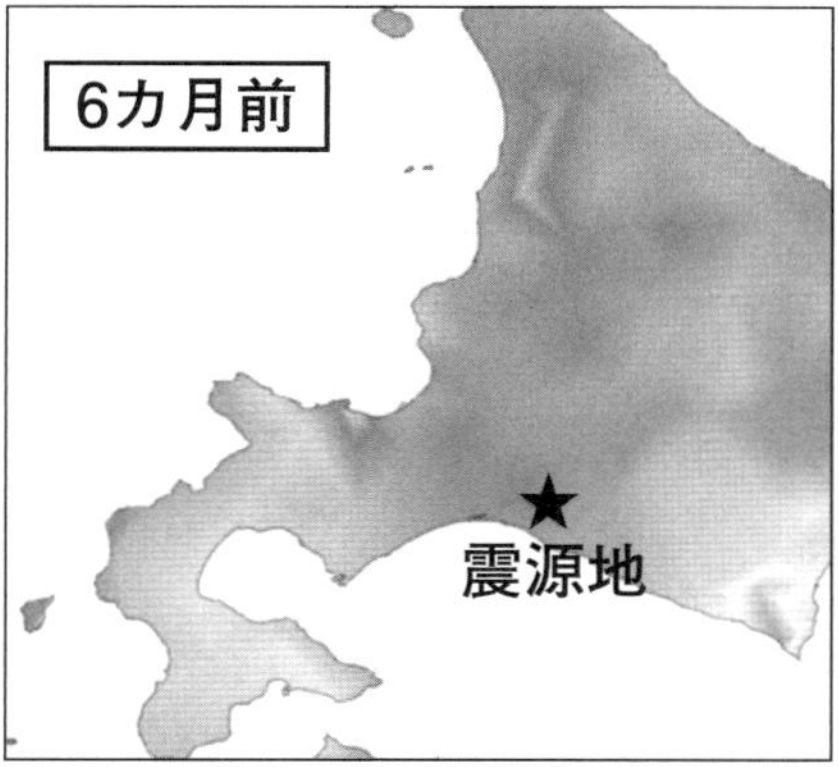

7、最大震度7）の、六カ月前と直前の胆振地方の隆起・沈降図を示したものである。六カ月前には沈降を示していないのに対し、直前にははっきりと現れており（図の斜線部分）、「MEGA地震予測」では事前に「要注意」を呼びかけていた。

10　県単位で高さ変動の最大値と最小値との差が六センチ以上に広がる場合は「要注意」としている。理論値ではないが、経験則から導き出した閾値《いきち》である。【図10】は、茨城県北部の電子基準点「北茨城」と、県南のつくば市に近い電子基準点「石下《いしげ》」の二〇一六年の高さの変化を示している。年初では高さ変動の差が三・九センチだったが、「北茨城」が隆起して、年末には六・三センチと「要注意」ゾーンに入り、同年一二月二八日に茨城県北部地震（M6・3、最大震度6弱）が起きた。高さ変動の差が六センチを超えたら経験則では「要注意」である。

11　先述したように、地震予測を行なうには一つの指標だけでは不十分であり、複数の指標から総合的に地震発生の可能性を探っている。ここでは、二〇一五年九月一二日に起き

図10　茨城県に高さ変動の差が異常に現れた例

(2016年12月28日に最大震度6弱の茨城県北部地震が起きた)

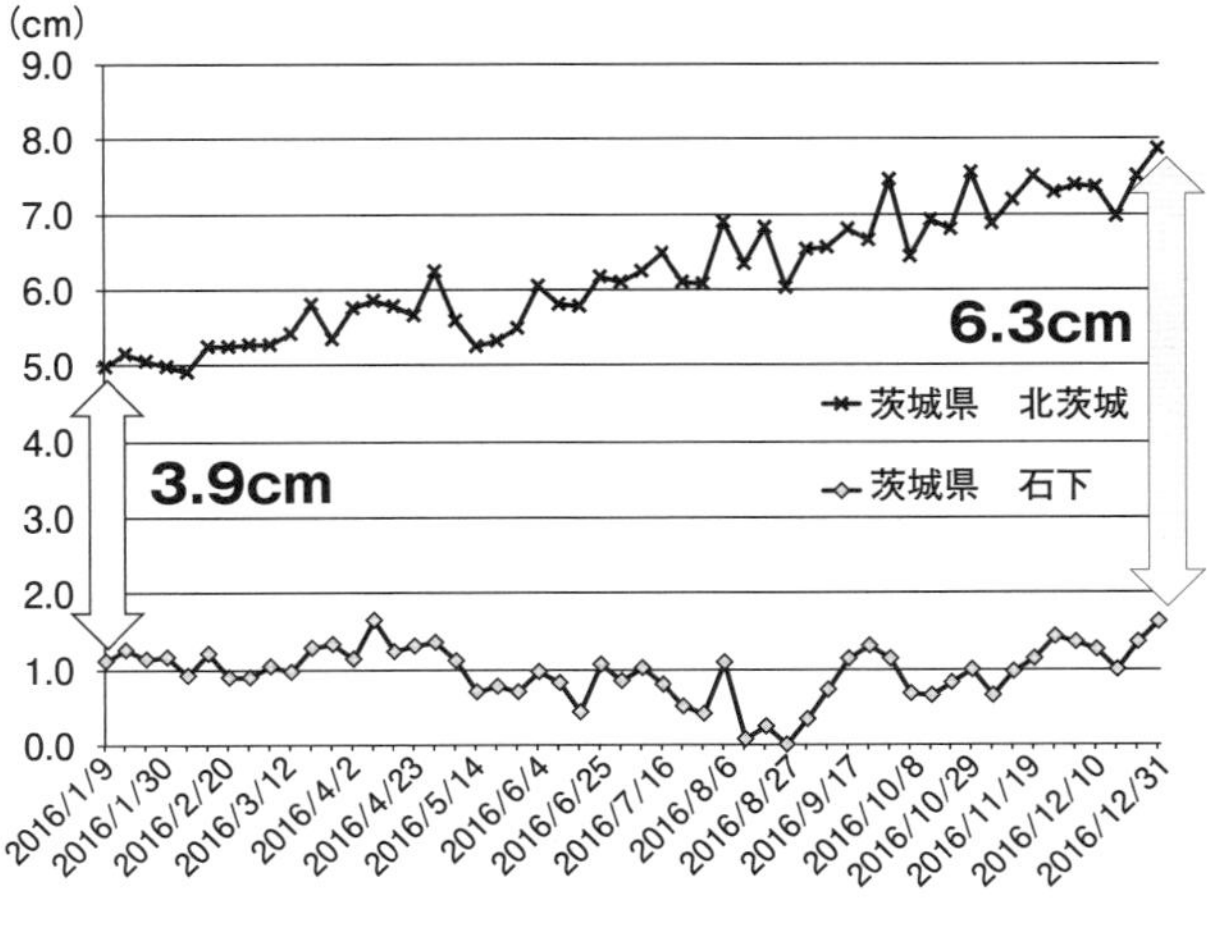

た東京湾地震（M５・２、最大震度５弱）の事例を紹介する。週間高さ変動、北南成分変動の分析、X値の格差分析の三つの指標で予測を行なった。

四六ページの【図11ａ】は、同年六月二八日〜七月四日の伊豆半島および伊豆諸島の週間高さ変動である。四七ページの【図11ｂ】は北南成分を色分けした図であるが、東京都および房総半島北部は南成分が大きく南方向に変動しているのに対し、伊豆諸島および三浦半島・房総半島南端は北成分が大きく北方向に変動している。南北の成分は互いに押し合っていて、その境目である東京湾にひずみが溜まっていると解釈できる。四七ページの【図11ｃ】ではX値の差が千葉県の電子基準点「銚子《ちょうし》」と「館山」の間で拡大しており、ひずみが溜まっていると解釈できる。これら三つの指標から、総合的に「東京湾周辺が要注意あるいは要警戒」と診断した。

12　短期的には変動量が小さくても、ある一定方向に変動を続けた結果、長期間で大きなひずみが累積する場合、地震発生の危険度は増すと考えられる。癌《がん》細胞は、日々、少ししか発達しなくても長い年月をかけて大きな癌に成長することがある。同じように、累積ひずみの把握は大切である。

四八ページの【図12】は、二〇一七年三月から九月までの日本列島の累積変動を表した図である。東北地方の太平洋岸に隆起が溜まっており、一方、秋田・山形および九州に沈降が溜まっている様子が分かる。


このように、地球の表面は絶えず、上下左右に微妙に「動いて」いる。

私たちは、地球と一緒に動いているから分からないだけだ。動いている物体の中では、その物体の動きを計測できない。新幹線に乗っている人は、その新幹線が何メートル動いたか計測できない。新幹線を降りて、外でストップウォッチを押すか、あるいは動画を撮るかしなければ計測できないのと同じ理屈だ。

したがって、地球の「動き」は、地球の外からでなければ計測できない。言い方を換えれば、地球の外から測量すれば地球の「動き」が分かり、その「動き」に異常があれば、地震が起きる前兆かもしれないのである。

図11a　伊豆半島および伊豆諸島に現れた週間高さ変動（2015年6月28日～7月4日）

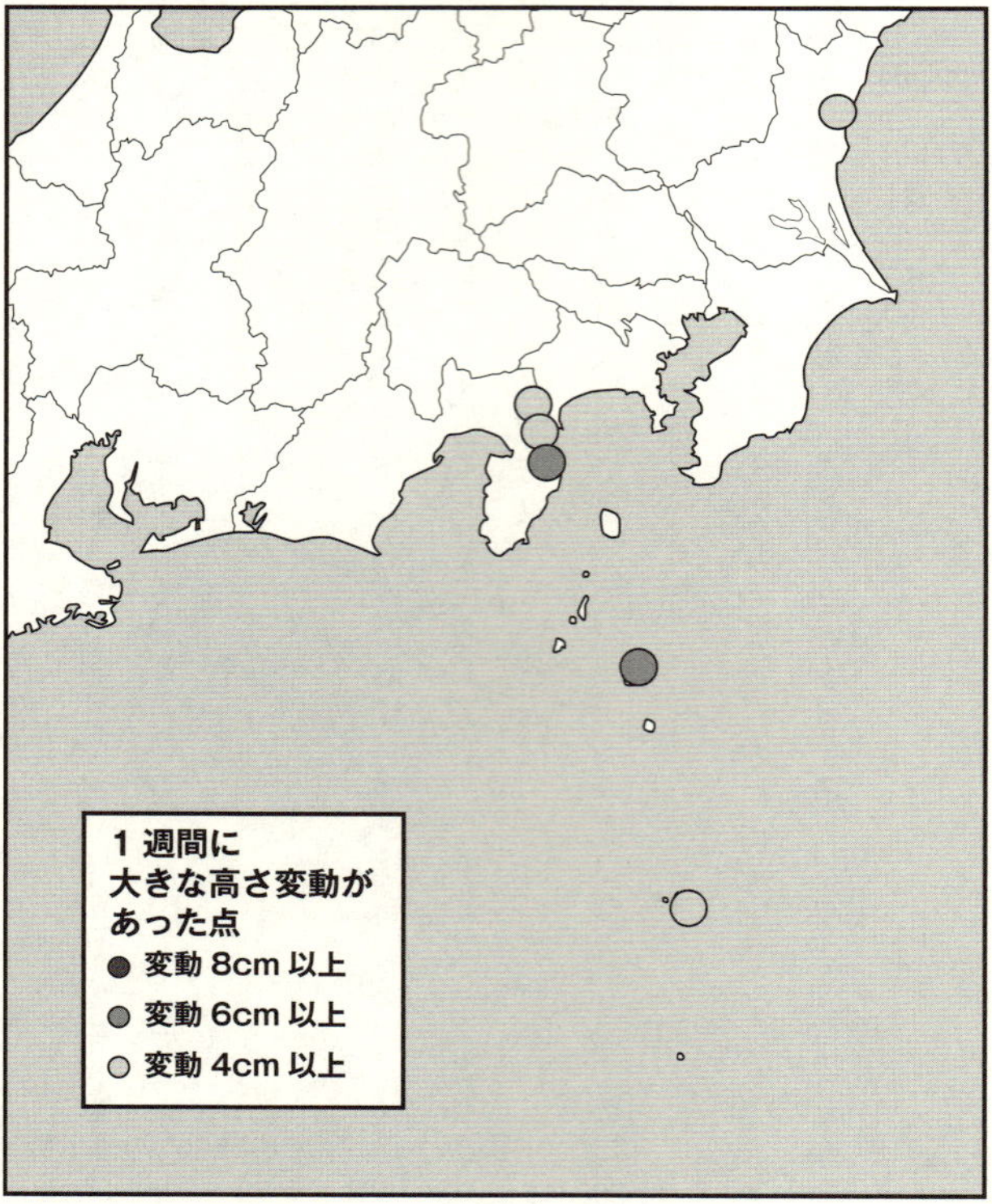

図11b　北南成分が押し合いの異常を示した

(南成分と北成分が押し合っている)

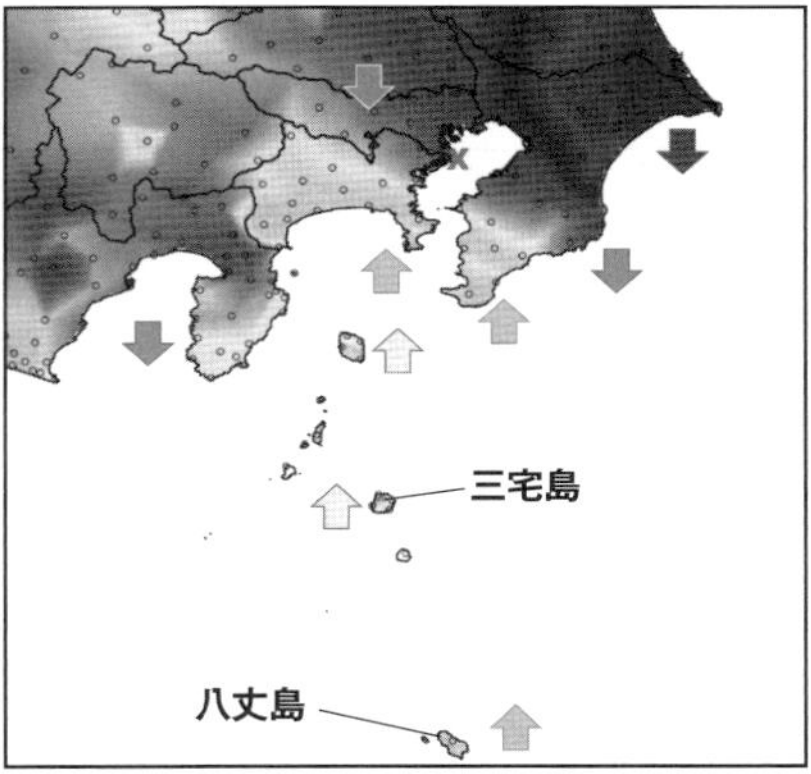

図11c　千葉県の「銚子」と「館山」のXの値の差の異常 (7.7cmから9.4cmに拡大した)

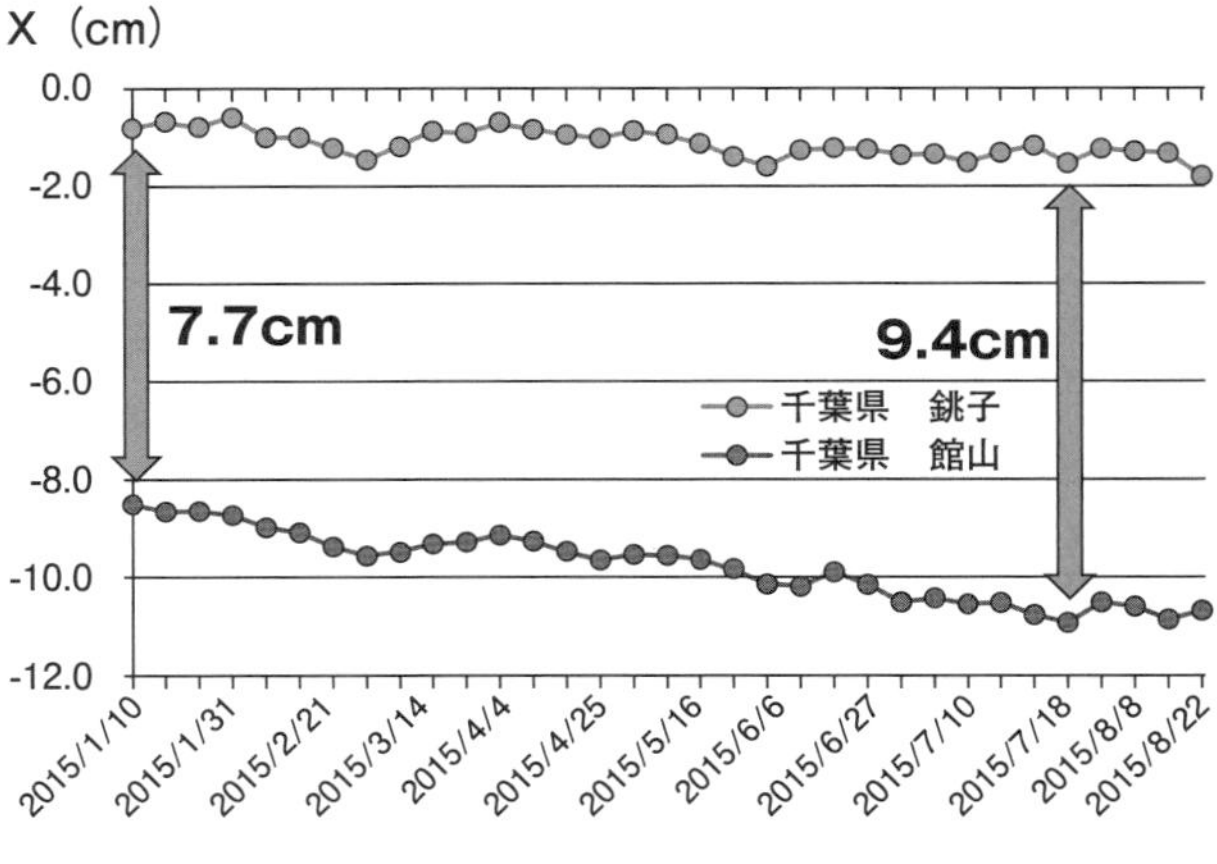

図12　累積変動を表した図

（東北太平洋岸は隆起が溜まり、秋田・山形および九州は沈降が溜まっている）

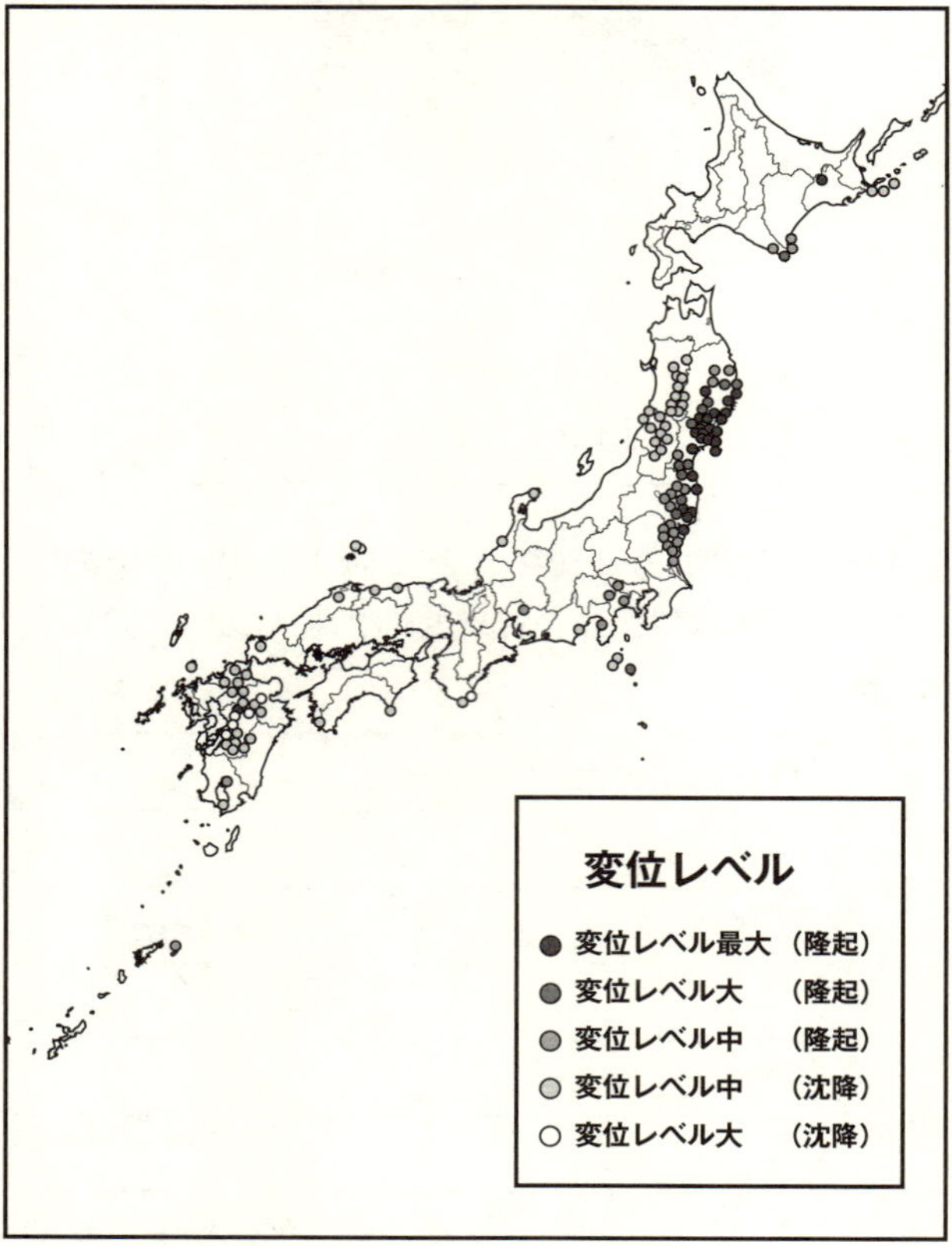

■独自の観測点を設置

ここまでが、確立してきたＪＥＳＥＡの地震予測の「基本」であるが、近年の進歩・進化、および、あらたに取り組んでいる試みについて、順に紹介していこう。

二〇一四年七月、大学時代の友人の高橋大輔君の肝いりで、西日本高速道路エンジニアリング中国株式会社および国際航業株式会社の技術者と、測位衛星のデータを受信するプライベート電子観測点（以降、Ｐｖ観測点と略称）を独自に設置して、地震予測の精度を高めるための相談の場を持った。高橋君は日本道路公団の理事・技師長を務めた経歴を有しており、前記二社に協力を要請してくれたのである。その結果、同年、二基のＰｖ観測点を設置してくれることになった。

国土地理院の電子基準点の観測データは一日単位で平均化された数値で、二週間遅れでしかダウンロードできない（二〇一五年より「速報解」データが「二日遅れ」で利用できるようになった）のに対し、Ｐｖ観測点は毎秒観測し、一時間、二時間、三時間、六時間、一二時間、二四時間の平均値を準リアルタイムで取得できる。

なぜ、自前のＰｖ観測点を設置することにしたかを説明したい。

二〇一一年三月一一日に起きた東日本大震災直前の国土地理院の電子基準点データを分析していたところ、大震災の三日前から、ＸＹＺのデータのうち、特にＹの値が急激に下降していた事実を突き止めた（本書一〇四ページの【図36】参照）。この急激な下降は誰の目にも明らかな異常で、いわゆる「プレスリップ」（前兆滑りとも言われる）と考えられる。だが、国土地理院の最終解は二週間遅れでしかダウンロードできないから、直前の異変を把握できない。速報解データでも二日遅れであるから、これも間に合わない。直前予測をして人の命を救うには、リアルタイムで測位衛星データを入手できる自前のＰｖ観測点が必要なのだ。

さて、設置場所を関東圏内で探したが、なかなか最適な場所が得られなかった。水平から一五度以上の天空が開けていて、近くに高い木や高層ビルがない場所で、地盤が堅固な場所が適しているのだが、なかなか見つからない。土地の提供を受けなければならないし、電源も確保しなければならない。苦労の末、一カ所は、神奈川県小田原市にある相日《そうじつ》防災という会社の駐車場に設置することが決まった。海の見える高台で地盤は堅固、天空も開け、絶好の場所であった。こうして、二〇一五年四月に最初のＰｖ観測点が設置された。

もう一カ所は、神奈川県開成町《かいせいまち》の元町長、露木順一氏の斡旋《あっせん》で、元第一生命大井事業所ビル（現ブルックスホールディングス所有）の屋上に設置した。大井町の松田断層の近くにあるビルなので、地震予測に役立つと考えたのであった。しかし後で分かったことだが、コンクリートのビルの屋上は堅固そうに見えても実際には揺れなどの変動があり、地殻の観測には向かない。つまり地震予測には適していないため、東京都世田谷区にある東京農業大学のキャンパスに移設することになった。

■全国一八カ所に独自観測点を拡大

二〇一五年三月、小田原のＰｖ観測点の試作機ができたことが、フジテレビの報道番組「Mr.サンデー」で紹介された。この放送を見ていた、ＮＴＴドコモ無線アクセスネットワーク部長（当時）の山﨑拓氏が支援を申し入れてくれた。同年四月二三日に山﨑部長、課長、主査などがJESEAを来訪され、NTTドコモ社より、携帯電話基地局を利用した、地震予測実証研究への支援を受けることが決まったのである。

具体的には、「衛星測位機器を用いて地殻の変化を捉える装置を全国16か所の携帯電話基地局に設置し、収集した地殻変動のデータをモバイル通信でリアルタイムにJESEAに提供」（NTTドコモの報道発表資料「携帯電話基地局を利用した新たな災害対策の取り組み」より）してもらえることになった。設置場所は、NTTドコモの携帯電話基地局の中から選ばれた。

これによって、JESEAが独自に設置した二カ所のPv観測点と合わせて、全国一八カ所からリアルタイムのデータを得られるようになったのである（【図13】。写真は、神奈川県三浦半島に設置されたNTTドコモの観測装置）。

一八カ所とはいえ、独自の観測点を持つメリットはきわめて大きい。前述したように、国土地理院の公表データは速報解でも二日遅れであるのに対して、Pv観測点では、一時間遅れでパソコンにグラフを表示できる。また、国土地理院のデータが一日単位で平均化

図13　JESEAおよびNTTドコモの
プライベート電子観測点設置箇所

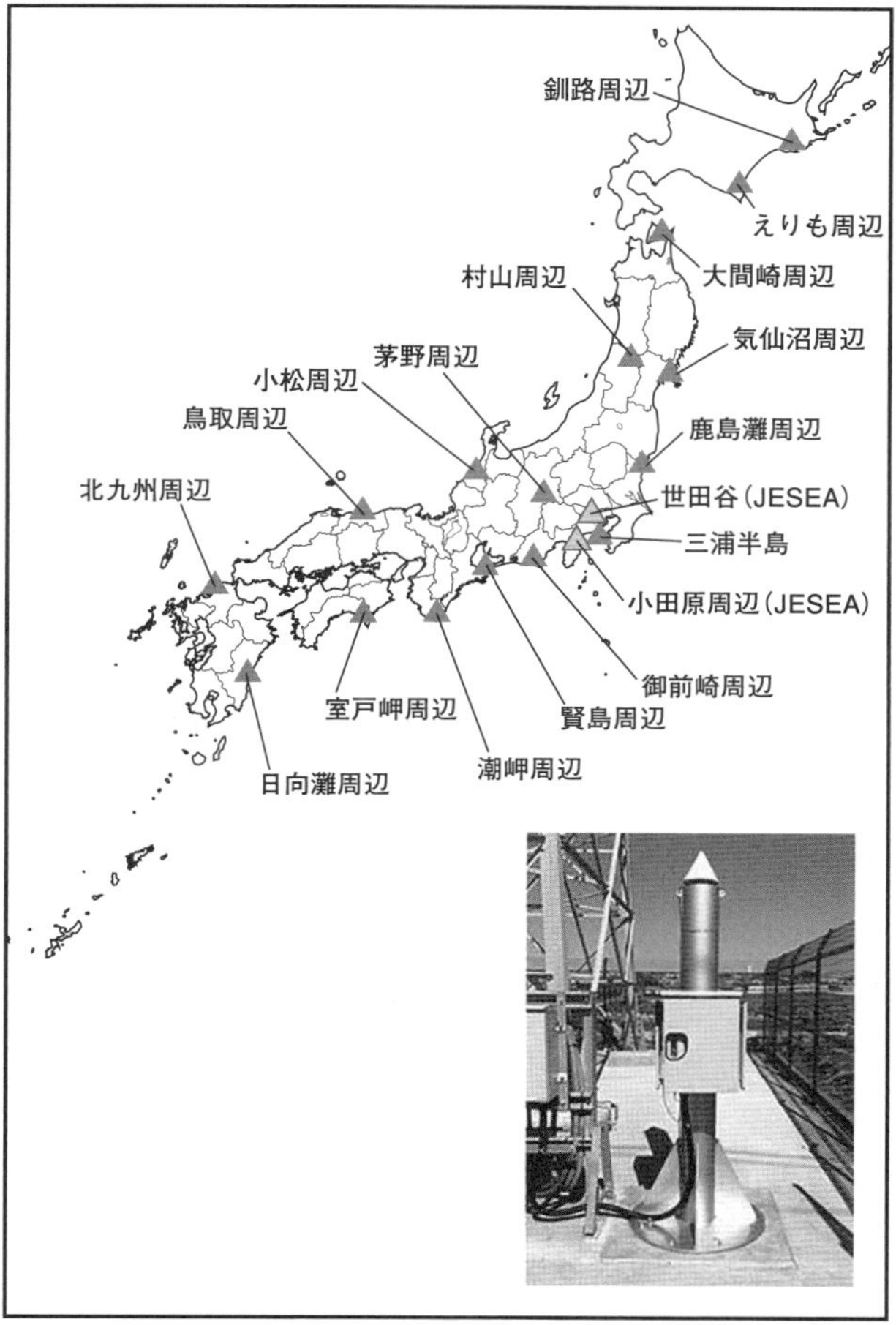

された数値であるのに対して、独自の観測点では、最短で一秒間隔、通常は一～二四時間間隔（選択自由）でグラフを表示できるため、平均化されたデータでは消えてしまう異常変動を検知することが可能になる。

【図14a】は二〇一八年八月二九日、三一日、九月一日および二日に「えりも」のPv観測点に現れた北海道胆振東部地震の前兆を表している。「えりも」に異常が現れたことは「MEGA地震予測」を通じて会員にも知らせていた。また【図14b】は、二〇一八年九月五日午後三時、つまり、この地震が発生する一二時間前に「えりも」のPv観測点データに現れた前兆である。地震直後に北海道全域で停電（ブラックアウト）が生じたので、データが途切れていることも分かる。

■隆起・沈降・水平変動の「見える化」

さらに、「MEGA地震予測」のビジュアル面にも改良を加えた。

図14a 「えりも」のPv観測点が捉えた胆振東部地震の前兆

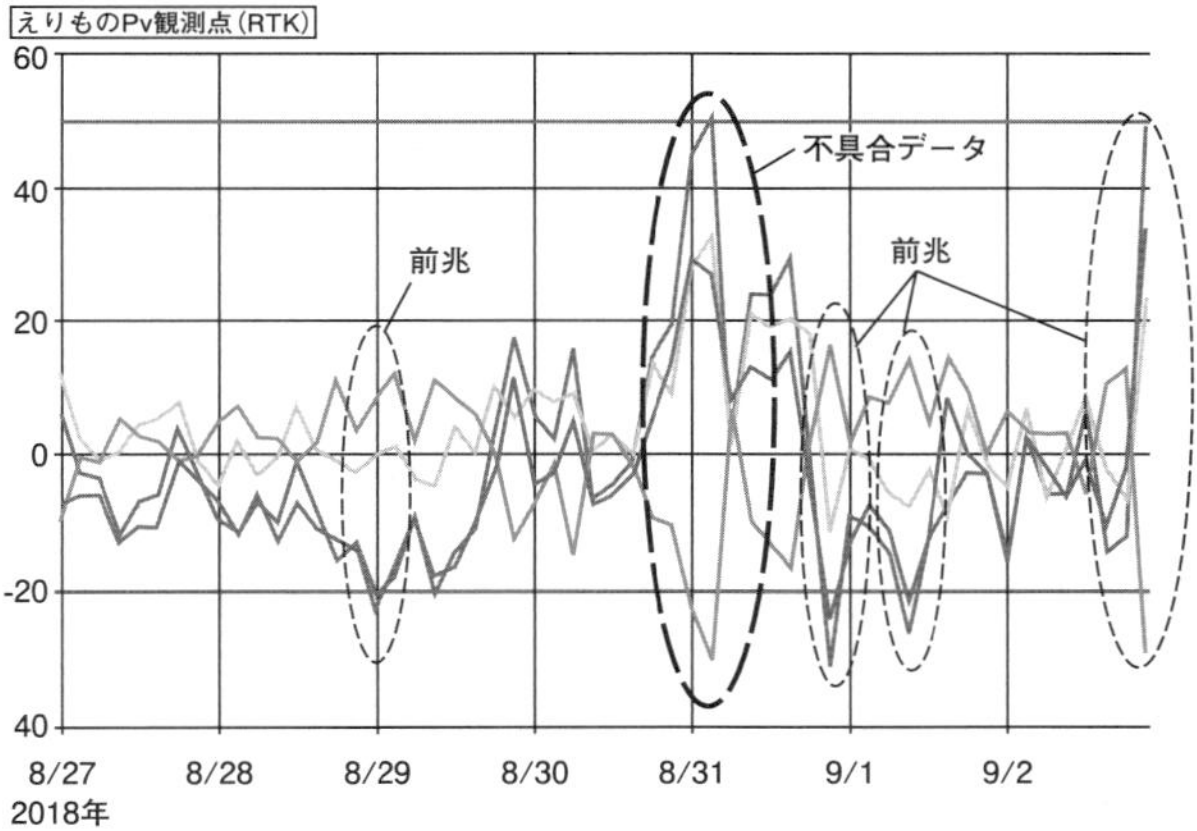

図14b 「えりも」のPv観測点が捉えた胆振東部地震の12時間前に現れた前兆

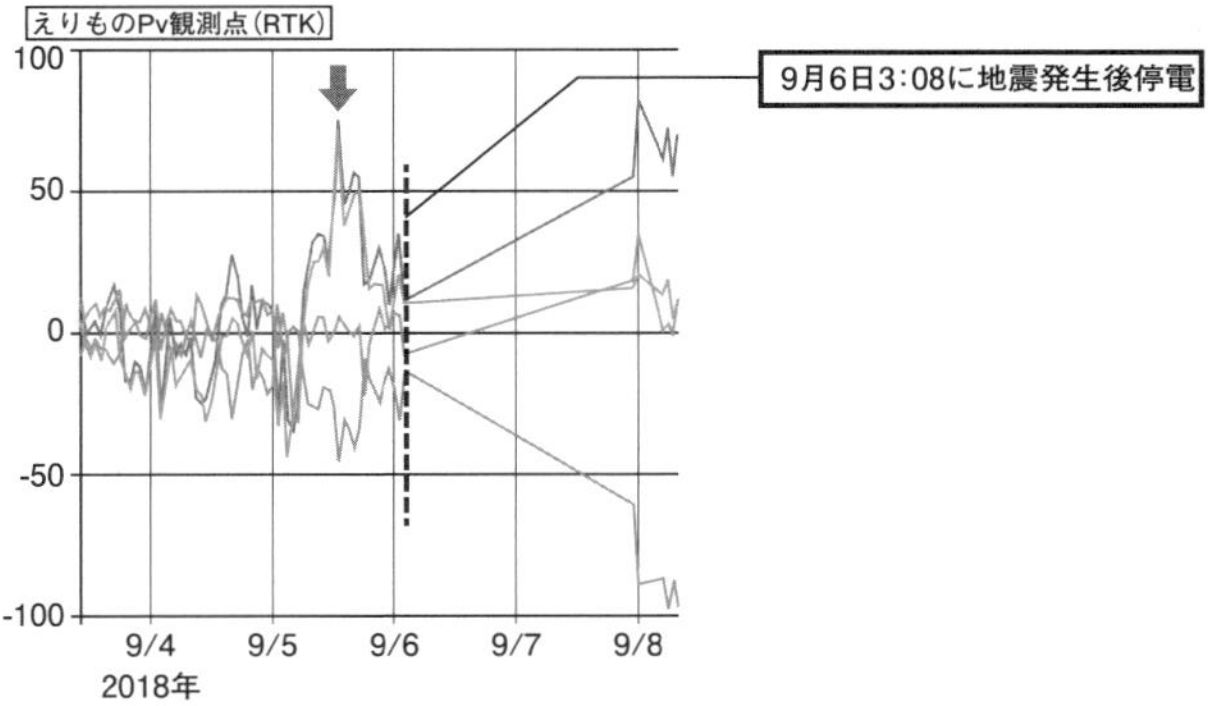

まず、前著刊行直後の二〇一五年二月から、地表の隆起・沈降が、地理情報システム（GIS）の技法を用いて画像化できるようになった。【図15】の上が旧来の点群表示、下が段彩図表示である。日本列島の隆起および沈降の様子をより詳細に見ることができるようになった。とりわけ、沈降傾向を示す薄い色の分布に注目していただきたい。

二〇一六年四月二〇日号（熊本地震発生直後である）からは、水平方向の変動を矢印表示の水平ベクトル図で提供できるようになり、画像化した隆起・沈降図と重ね合わせて表示できるようになった（五八ページの【図16】）。

じつは、この図には重要な「発見」が含まれているのだが、それについては、第三章で詳しく述べることにしたい。

■高さ方向の長期傾向変化の把握

東日本大震災が起きる一年前の二〇一〇年から八年間にわたる高さ方向の長期傾向変化を、データベースとして整備した。各県別にどのような高さの変化をしているか把握し、

図15　隆起・沈降図の点群表示から段彩図表示へのグレードアップ

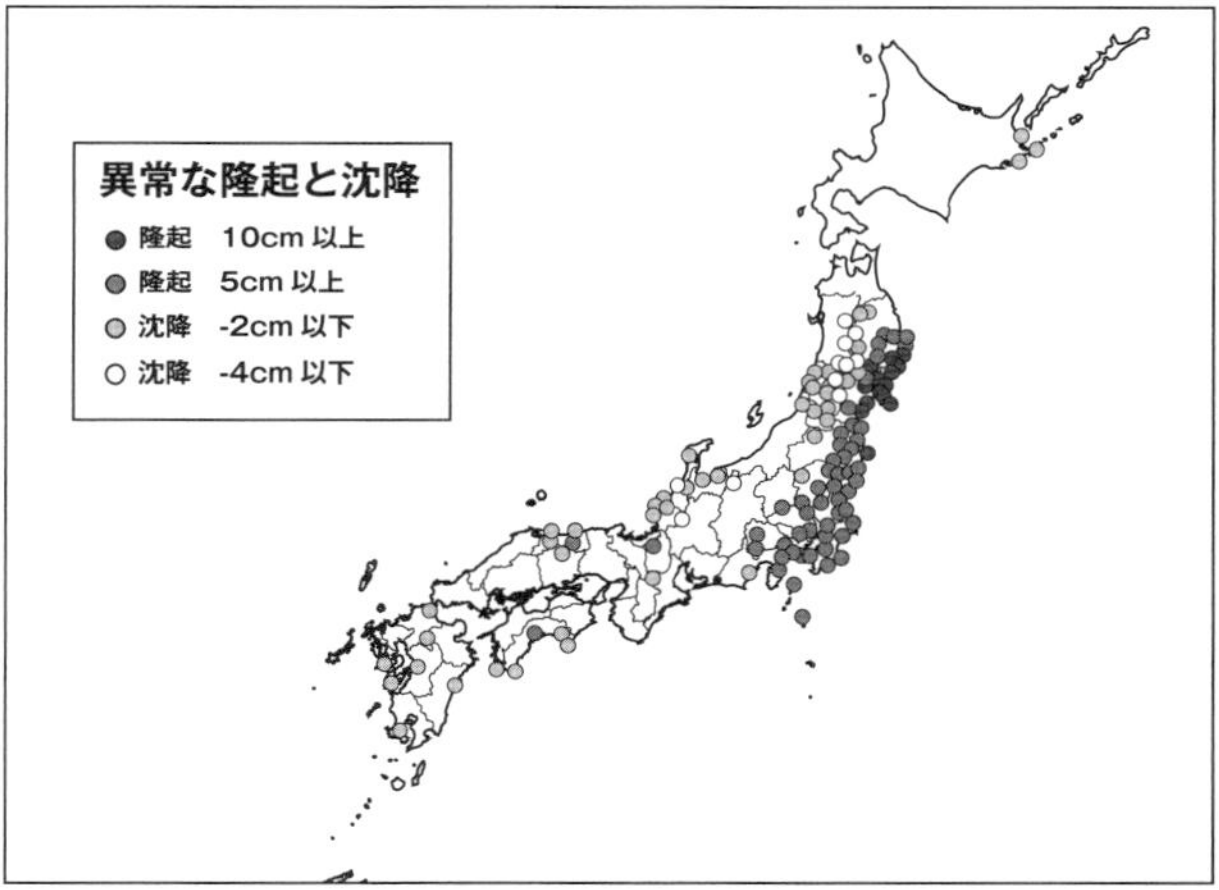

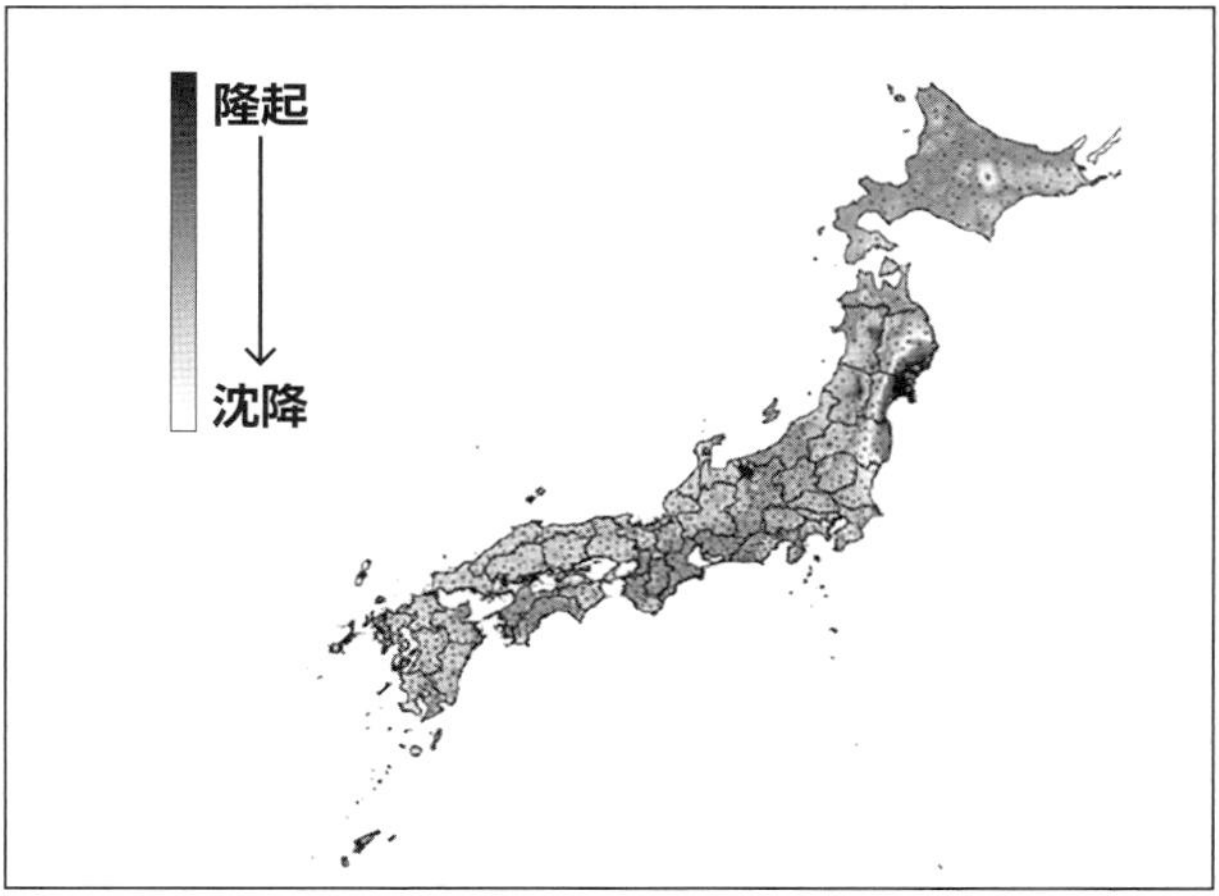

図16　水平ベクトル＆隆起・沈降段彩図

（2016年4月17日～4月23日の週平均値と約1カ月前の週平均値の差）

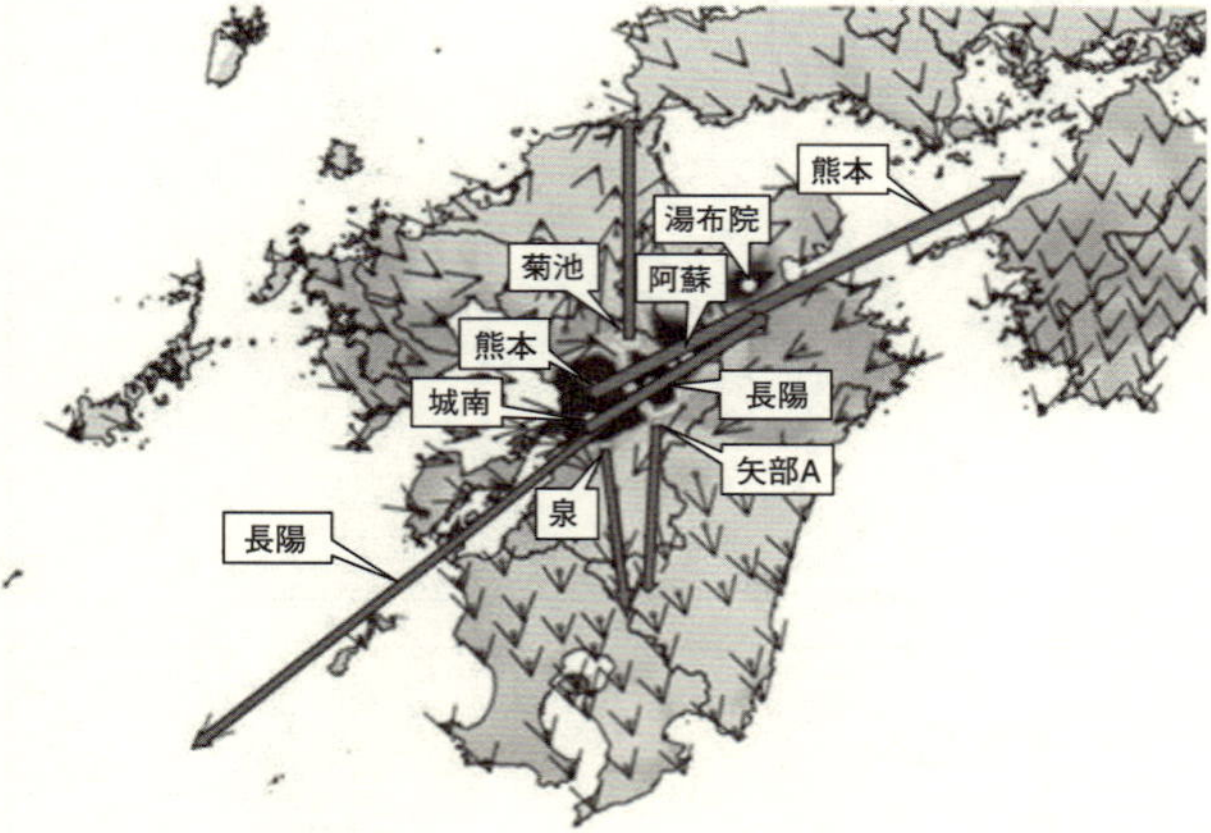

・「城南」は大きく沈降
・「長陽」は大きく隆起
・「熊本」および「城南」は北東に大きく変位
・「長陽」は大きく南西に変位（最大約1m）
・「菊池」は大きく北に変位
・「矢部A」は大きく南に変位

地震予測を行なう際の判断に役立てることを目的としている。

六〇ページの【図17】は、宮城県の二〇一〇年から二〇一七年末までの、高さ方向の長期傾向変化を示す。二〇一一年三月の東日本大震災では「牡鹿《おしか》」が一一〇センチ沈降し、その他の地点も大きく沈降したが、その後、長期にわたって隆起を続けている。ただし、「牡鹿」は二〇一七年末までに五〇センチしか元に戻っていない。また六〇ページの【図18】を見ると、西隣の山形県の高さ方向の長期傾向変化は、宮城県と全く異なることが分かる。

別の例を示そう。六一ページの【図19】は熊本県における二〇一〇年から二〇一七年末までの高さ方向の長期傾向変化だ。熊本地震の影響もあり、「長陽」で約二五センチ隆起したが、すぐ近くの「城南」では約二五センチの沈降、「熊本」も約一五センチ沈降した（「長陽」、「城南」、「熊本」の位置は【図16】を参照してほしい）。震源が約一〇キロメートルと浅く、狭い範囲で大きく隆起したり沈降したりしたために甚大な被害が生じたことが分かる。東日本大震災のときの宮城県は一様に大きく沈降し、熊本地震のときの熊本県は隆起と沈降が混在していた。この二つの図を見ても、地震の様態は多様であることが分

図17　宮城県における8年間の高さ方向の長期傾向変化(2010年～2017年)

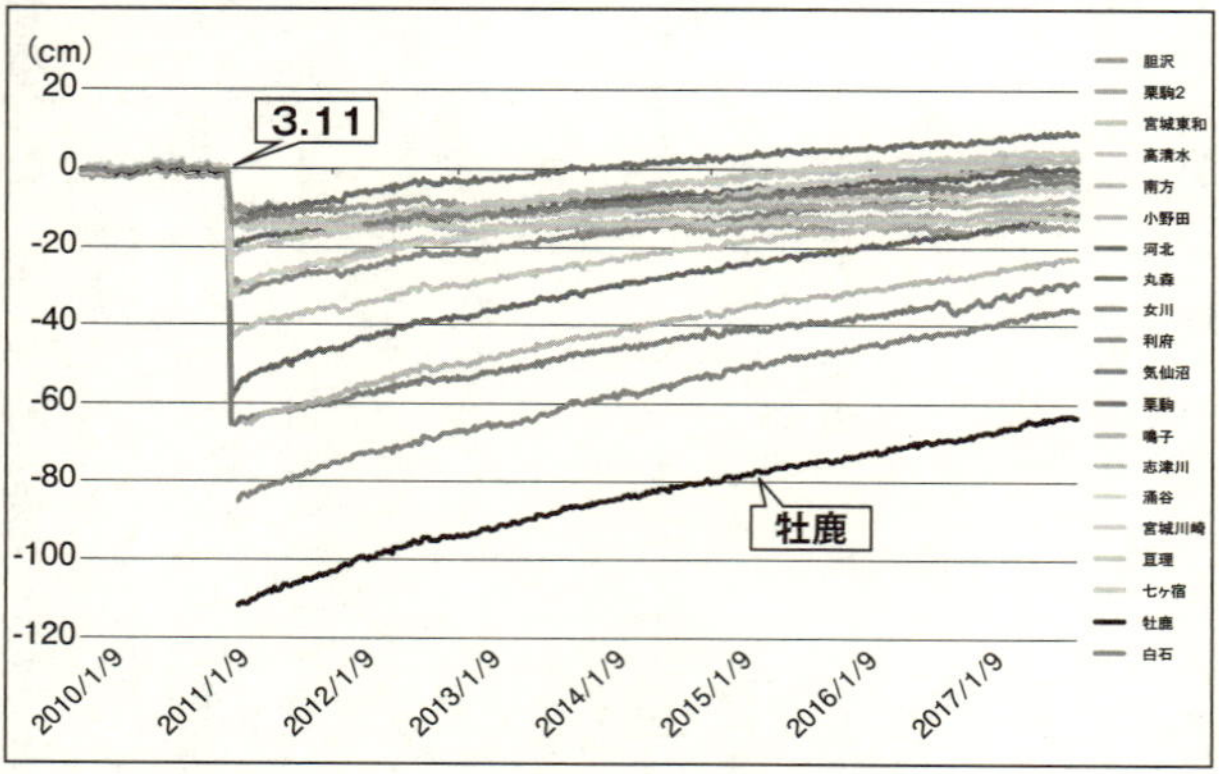

図18　山形県における8年間の高さ方向の長期傾向変化(2010年～2017年)

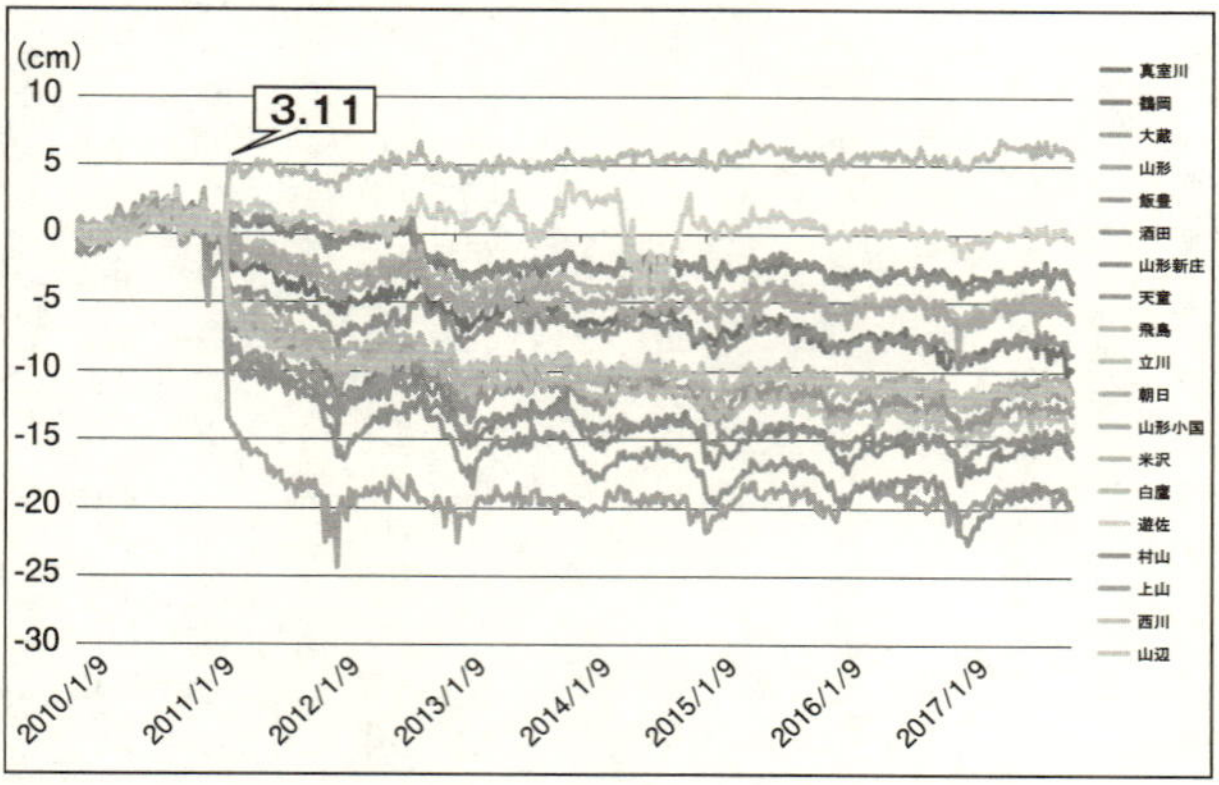

図19　熊本県における8年間の高さ方向の長期傾向変化(2010年～2017年)

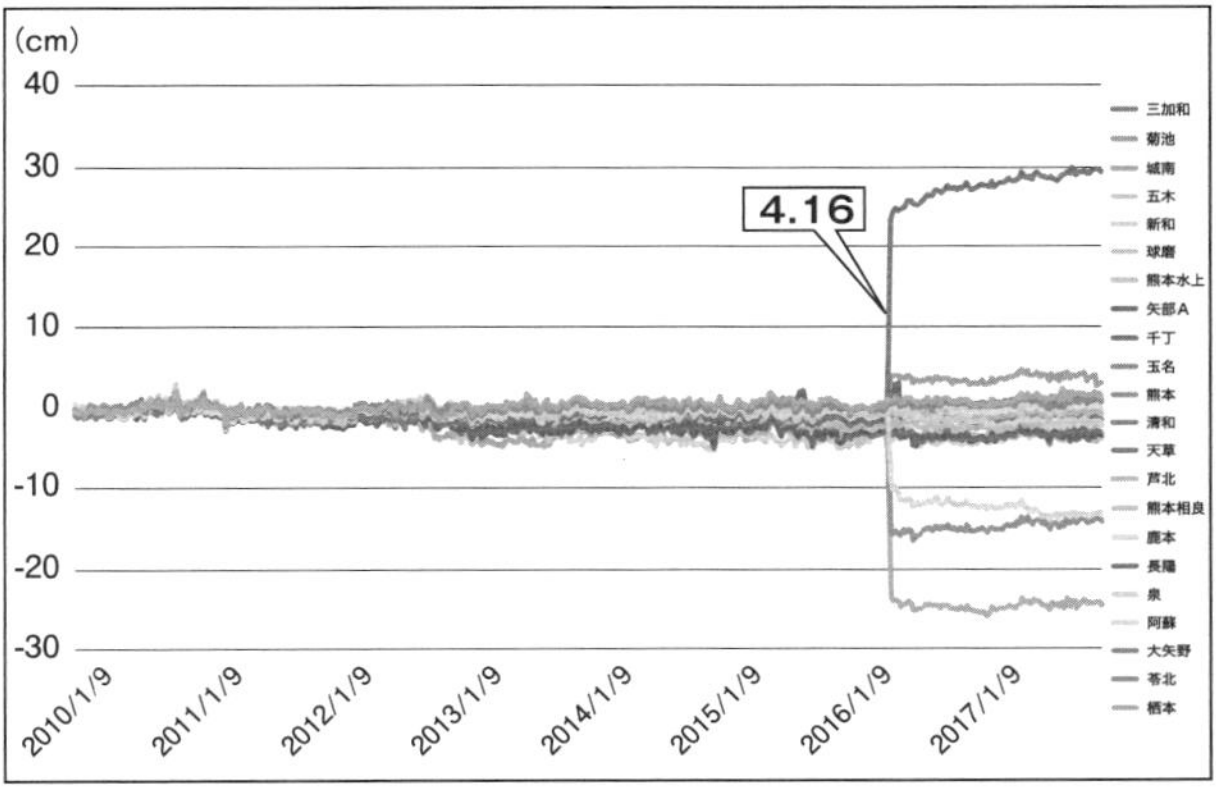

かるであろう。

県別に詳細に長期傾向変化を見ていくと、ある地点では明らかに季節変動をしており、地震予測には使用できないことも分かってきた。地盤の季節変動は、必ずしも地震につながる変動ではないのである。六二ページの【図20】は、新潟県「小千谷《おぢや》」の二〇一〇年から二〇一七年末までの八年間の長期傾向変化だ。全体的に隆起傾向だが、それを上回る季節変動が見られる。冬季に沈降して夏季に隆起している。これは、冬季に地下水をくみ上げ融雪のため路面に散水しているのが原因である。このような季節変動を示

**図20　新潟県「小千谷」における
8年間の高さ方向の長期傾向変化**
（2010年～2017年。明らかに季節変動が見られる）

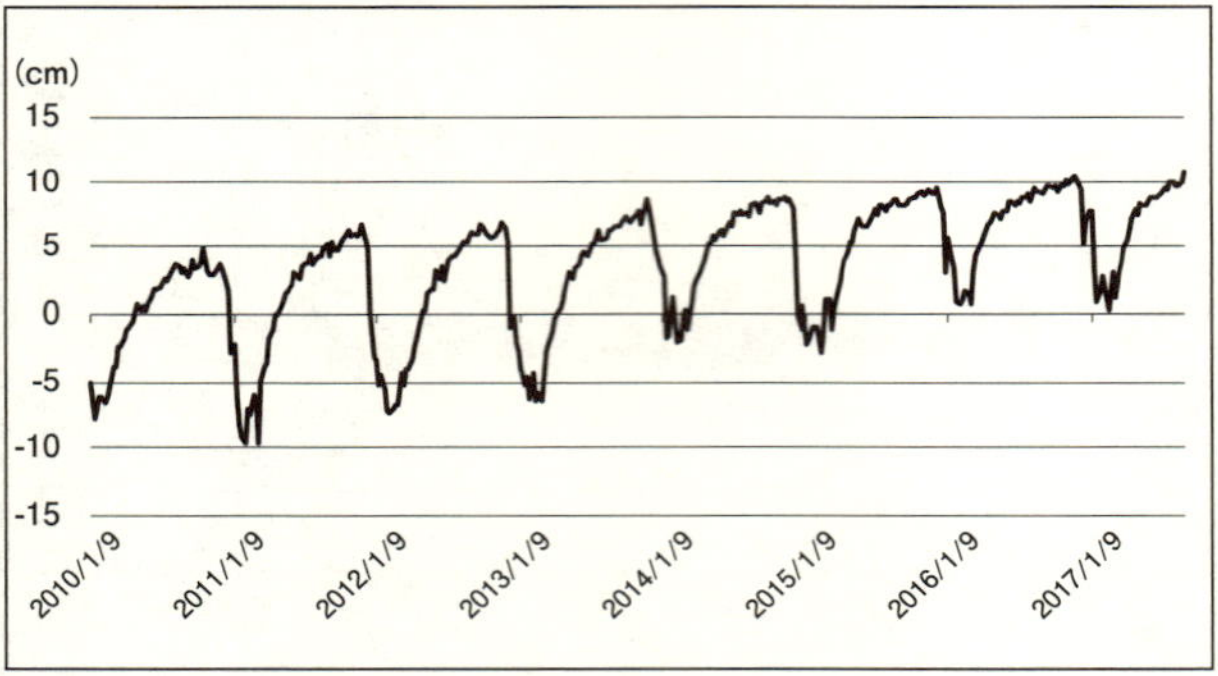

す点は他にも見られ、地震予測には十分配慮して使用の是非を決定している。

北海道の雌《め》阿《あ》寒岳《かんだけ》近くにある電子基準点「阿寒2」の同期間の高さ方向の長期傾向変化を見ると、【図21a】が示すように、二〇一六年夏ごろから急激に隆起していることに気付く。【図21b】を見ると、根室・釧路《くしろ》周辺が沈降しているのに対して、大きく隆起していることが分かる。二〇一八年一一月二三日付で、気象庁は雌阿寒岳で火山性地震が多発したことを受けて、噴火警戒レベルを「レベル1」から火口周辺規制の「レベル2」に引き上げたと発表した。電子基準点の変動は火山活動の監視・

図21a　北海道雌阿寒岳近くの「阿寒2」における最近の異常隆起

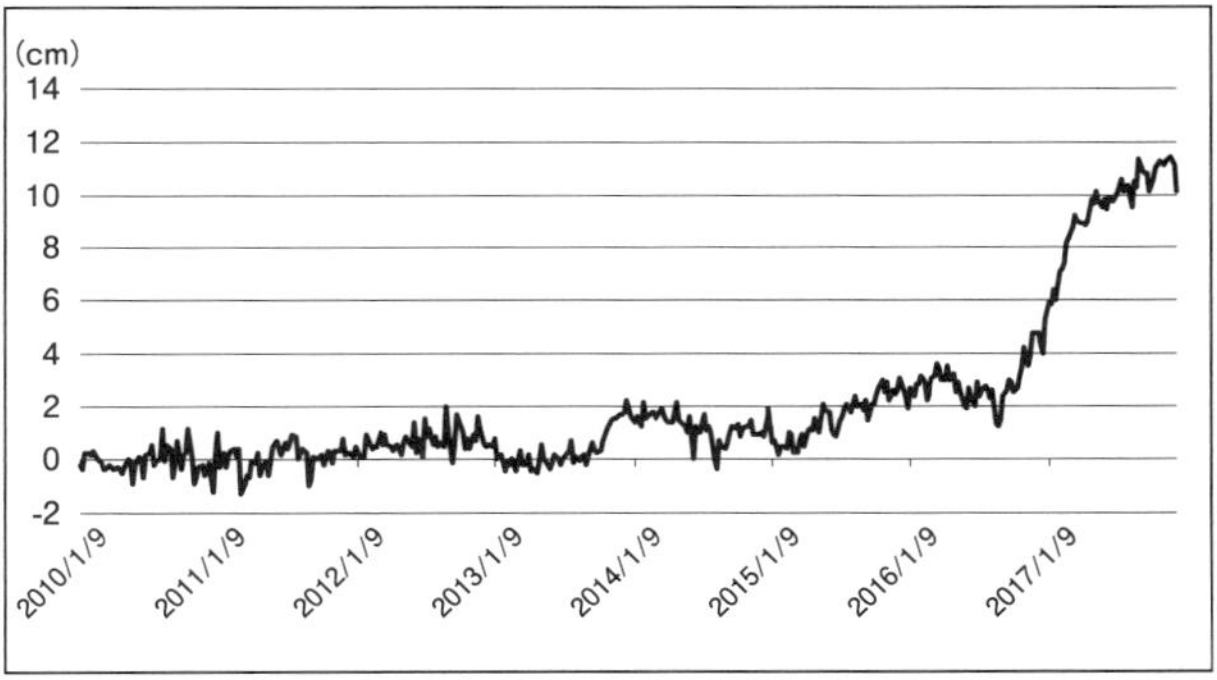

図21b　北海道雌阿寒岳近くの「阿寒2」における隆起を示す図（2018年11月）

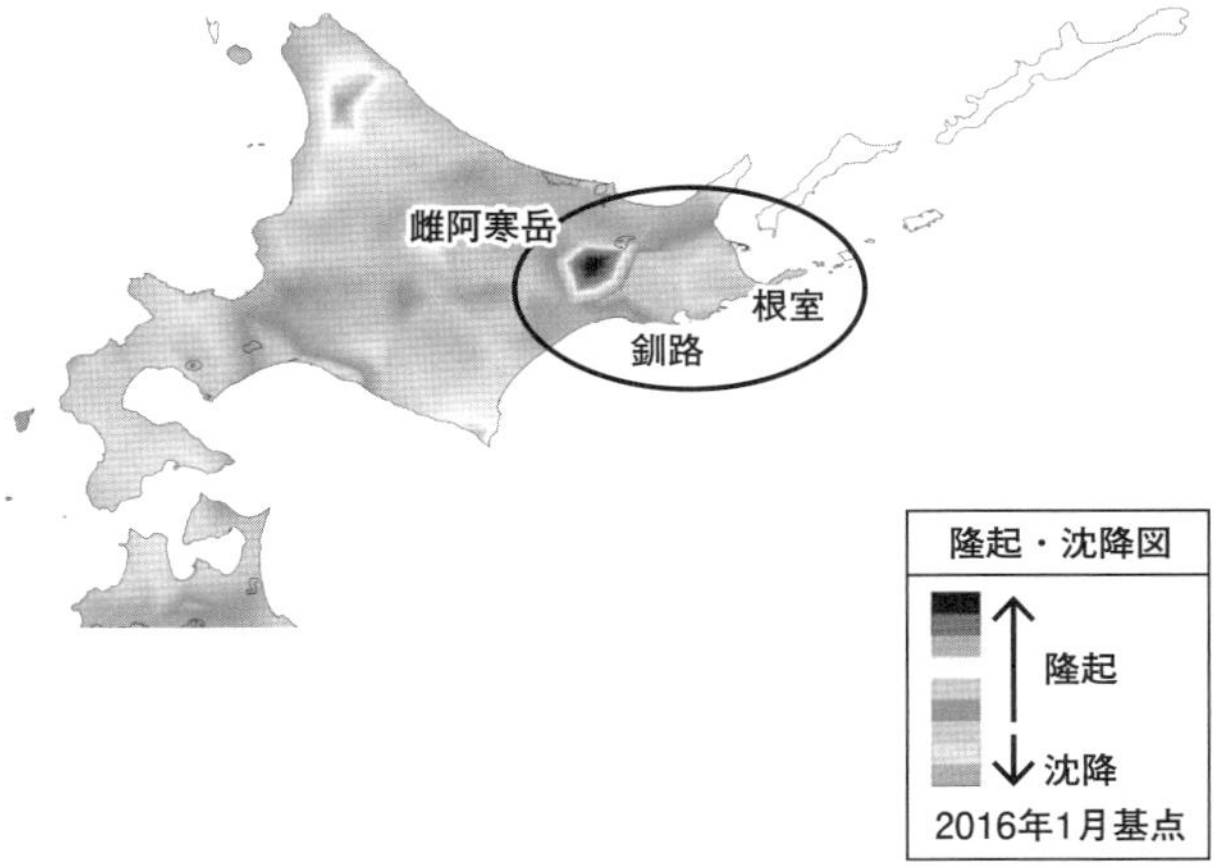

予測にも役立つことが分かる。

なお、電子基準点が設置された場所が水田地帯や河川敷などの軟弱地盤だったり、水力発電用のダムや露天掘り鉱山の近くだったり、サンゴ礁の島だったりすると、データが不安定で乱高下する。このような設置点は地震につながる地殻変動以外の要素が大きいので、地震予測に際しては注意を払っている。

■ノイズチェックの監視

電子基準点の上空視界は、水平から上下角一五度以上の範囲が空いていることが望ましい。電子基準点の近くに高層ビルや樹木の繁茂があると、ノイズが混入するからだ。

国土地理院のホームページにはスカイプロット図があり、日ごとにノイズを検査することができる。【図22】は、ノイズが大きいため、除外すべきレベルの電子基準点の例である。円周の外縁にノイズが多く見られる。

JESEAでは、毎週、地震予測をする際に、約一三〇〇の電子基準点全てのノイズチ

図22　スカイプロット図で、ノイズが大きく除外する電子基準点の例（「大阪」の電子基準点）

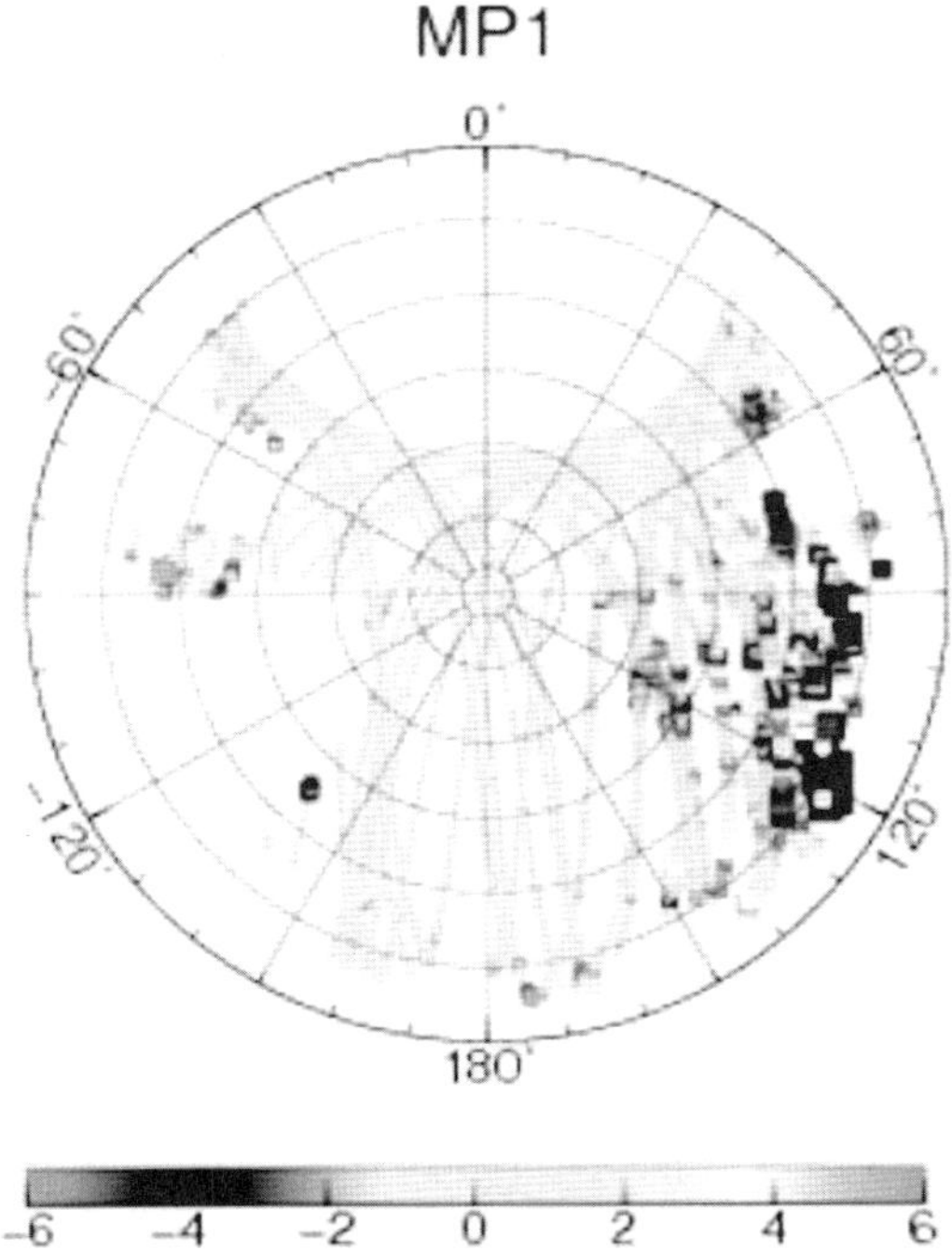

（出典：国土地理院ホームページ）

ェックを行ない、ノイズレベルの大きい基準点はNG（使用せず）扱いとしている。前記した季節変動や乱高下の不適切な基準点、およびノイズが大きくて除外する基準点は、全体の約一割程度ある。精度の高い地震予測をするには、このような地道な検査体制が不可欠である。

■「宏観異常現象」について

「宏観異常現象」という言葉をご存じだろうか。

大地震が起こる前に特別な機器などを用いず、人間の感覚で直接感知される前兆現象のこと。「宏観」は中国語で、「人間の感覚で識別できるさま」をさし、日本語の「巨視的」に該当する。（『日本大百科全書』小学館より）

高知県庁のホームページには「宏観異常現象について」という記事があり、そこにはこう書かれている。

昔から、大きな地震の前には井戸水に変化があったり、普段と違った光や雲、虹が見られたなどという話や、近年では電磁波やイオン・ラドン濃度の変化など前兆現象があるということが言われています。

このような前兆現象を、中国では「宏観異常現象」と呼んでいますが、現在のところ科学的根拠や統計的な裏付けなどにより地震との因果関係が解明されていません。

しかしながら、地震と無関係とは言いきれないことから、高知県内で起こった現象についての情報を収集することとしました。

地震の前には、さまざまな前兆現象が現れる。科学的事実として世界的に認められている前兆もあれば、科学的根拠が希薄な前兆もある。日本の地震専門家および政府機関は、これらは全て「科学的根拠が明らかでない」として否定しているが、私はあらゆる可能性を排除しないで、前兆現象と地震発生の相関分析に挑戦している。

科学的事実が世界的に認められている前兆現象には、以下のものがある。

①地震の前に地殻（または地盤）が高さ方向および水平方向に異常に変動する。

②人間の耳には聞こえない超低周波の音（インフラサウンド）が伝わる。

③宇宙空間にある電離圏において擾乱《じょうらん》が発生する。

④白金測温抵抗体を利用した温度計の気温に疑似的に異常が現れる。

⑤超低周波の電磁波が地球の深部、地表、空中、宇宙に発信される。

⑥ラドンガスが噴出する。

⑦海域地震の場合、海面温度が上昇する。

⑧植物生体電位に異常が現れる。

私の地震予測の主流は①であるが、「あらゆる可能性を排除しない」という原則のもと、②、③、④に関して、予測の補完的役割を担えないかと研究している。次節以降で紹介しよう。

■インフラサウンドセンサー

人間の耳には聞こえない音波を、インフラサウンドという。二〇ヘルツ以下の低周波の非可聴音である。強風のインフラサウンド領域は〇・〇五〜〇・一八ヘルツ、雷鳴は〇・〇五〜〇・一二ヘルツ、地下核実験は〇・〇二〜四ヘルツの周波数だが、地震の前の音波は〇・〇〇一ヘルツ以下の超低周波である。

地震の前の超低周波を観測するインフラサウンドセンサーは中国の音波研究所で製作され、北京《ペキン》工業大学で地震予測に実用化されている。JESEAにもインフラサウンドセンサーが一台あり、毎日監視を続けている。一台のセンサーでは位置の特定はできないが、異常波形が出てからほぼ二週間以内に大きな地震が起きているので、補完的に参考情報として役立てている。

七〇ページの【図23】に示したインフラサウンドの異常波形は、典型的な地震前兆の波形である。二〇一八年七月七日二〇時二三分に千葉県東方沖地震（M6・0、最大震度5

図23　インフラサウンドセンサーの異常波形

（2018年6月23日）

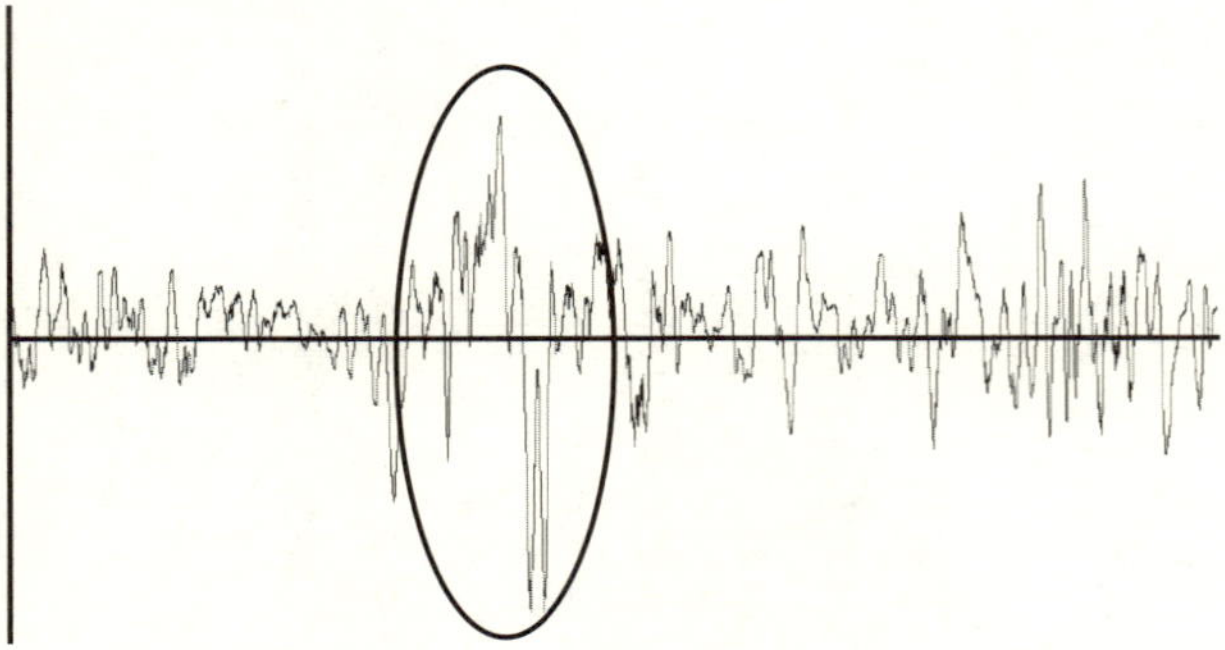

弱）が起きたが、この異常波形は一四日前の六月二三日に現れている。

■測位衛星からの搬送波の異常遅延

地震の前に異常な電磁波が地中、地表および宇宙空間に発信されることは、世界的に知られている。北海道大学の日置《へき》幸介教授は、地震の前に電離圏で電子数が異常に増加する現象の事例を紹介している（『これから起きる巨大地震と大津波』洋泉社、一五六〜一六一ページ参照）。また日置教授らは「約三〇〇キロメートル上空の宇宙空間の電離圏において、電子数が地震の前に異常に増加する」

との仮説を立て、GPSなど測位衛星の二周波の搬送波の情報から電子数を推定する方法を開発。推定された電子数の時系列の曲線上に、地震の前に乱れが生じることを明らかにした。

しかし、マグニチュード8以上の大きな地震でないと明確な曲線の乱れは検出できない。それに、リモートセンシングを専門とする私からすると、電離圏の電子数を実際に観測しているわけではないので、科学的エビデンスにはなりにくい弱点があると考える。電子数の推定には測位衛星の二周波の位相差を用いていることから、私は、電子数の異常増加は、測位衛星から受信機に伝搬される電波の遅延に関係するのではないかと考えた。搬送波の発信時刻（原子時計）と受信時刻（水晶時計）は正確に計測されているため、信頼できるデータである。搬送波が通過する電離圏を含む宇宙内で起きる何らかの擾乱によって、電波の伝搬時間に異常な遅延が生じると考えたのだ。七二ページの【図24】は電離圏などを通過する搬送波が遅延を起こす概念を説明したものである。

さらに、七三ページの【図25】を見ていただきたい。東日本大震災前の位相データを独自開発した有限差分法で解析すると、地震発生の五日前に差分値に異常なピークが検出さ

図24　測位衛星からの搬送波の異常遅延を利用した地震予測

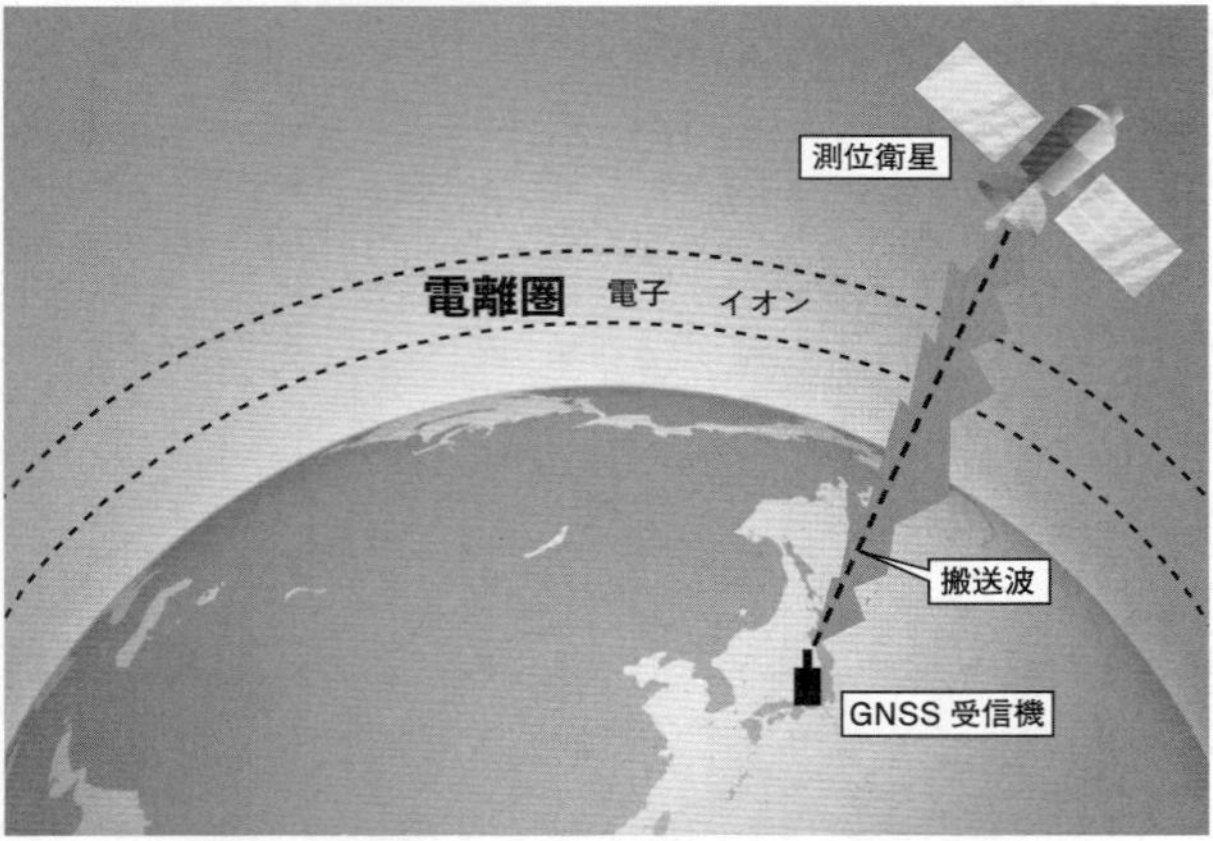

地震の前に地上約 300 kmの帯域にある電離圏などに異変が生じ、測位衛星からの搬送波が受信機に到達する時間に異常な遅延を起こすと考えた

図25　東日本大震災の5日前に現れた搬送波の異常遅延による差分値の異常

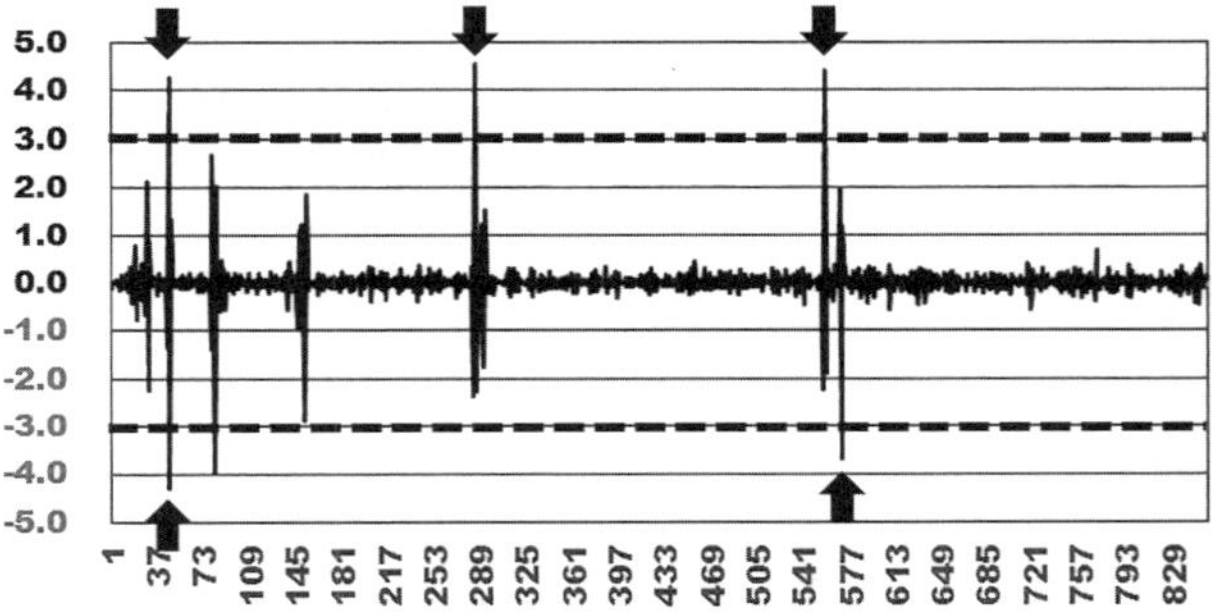

れた（縦軸は差分値、横軸は三十秒単位の時間）。まだまだ研究途上で、今後も過去に起きた数多くの大地震についてさらに検証する必要があるが、早期予測の可能性を秘めている。

■疑似的な異常気温変動

気象庁がネットで公開している気温データは、白金抵抗温度計によって計測される。測温の原理は、白金測温抵抗体に微弱な電流を流したときに得られる電気抵抗を測定し、電気抵抗と気温がほぼ線形関係になるのを利用して気温に変換するものである。

二〇一八年四月、中村文一さんという方が、気温と地震発生との関係を調べた貴重な資料を送ってくださった。私は「あらゆる可能性を排除しない」ことにしているので、一緒に検証研究をすることにした。その結果、「気温が安定している夜間に二度以上も気温が乱高下し、突然上昇したかと思うと数十分後に急下降する」という、通常では見られない異常気温が記録された周辺では、二週間以内に震度3以上の地震が起きている事例が多いことが判明した。【図26】は、二〇一六年四月一六日の熊本地震の五日前に、阿蘇山《あそさん》の特別地域気象観測所の温度計に異常が現れたことを示したものである。

ここから、地震の前に発信される異常な電磁波が、気象庁の白金抵抗温度計の微弱な電流に擾乱を起こし、疑似的に気温の異常変化を起こしているのではないか、という仮説が導かれる。

ただし、二度以上の気温変化のみでは十分条件ではないので、気温の異常波形と地震発生の関係を調べると、こちらも高い相関があった。二〇一八年一二月に特許証が交付され、現在は、気温データを自動ダウンロードして異常波形を「見える化」できるようにしている。「一日の中で何回、二度以上の異常変化があったか」によって、その回数を危険度に

図26　熊本地震の5日前に阿蘇山に現れた
疑似的異常気温（2016年4月11日）

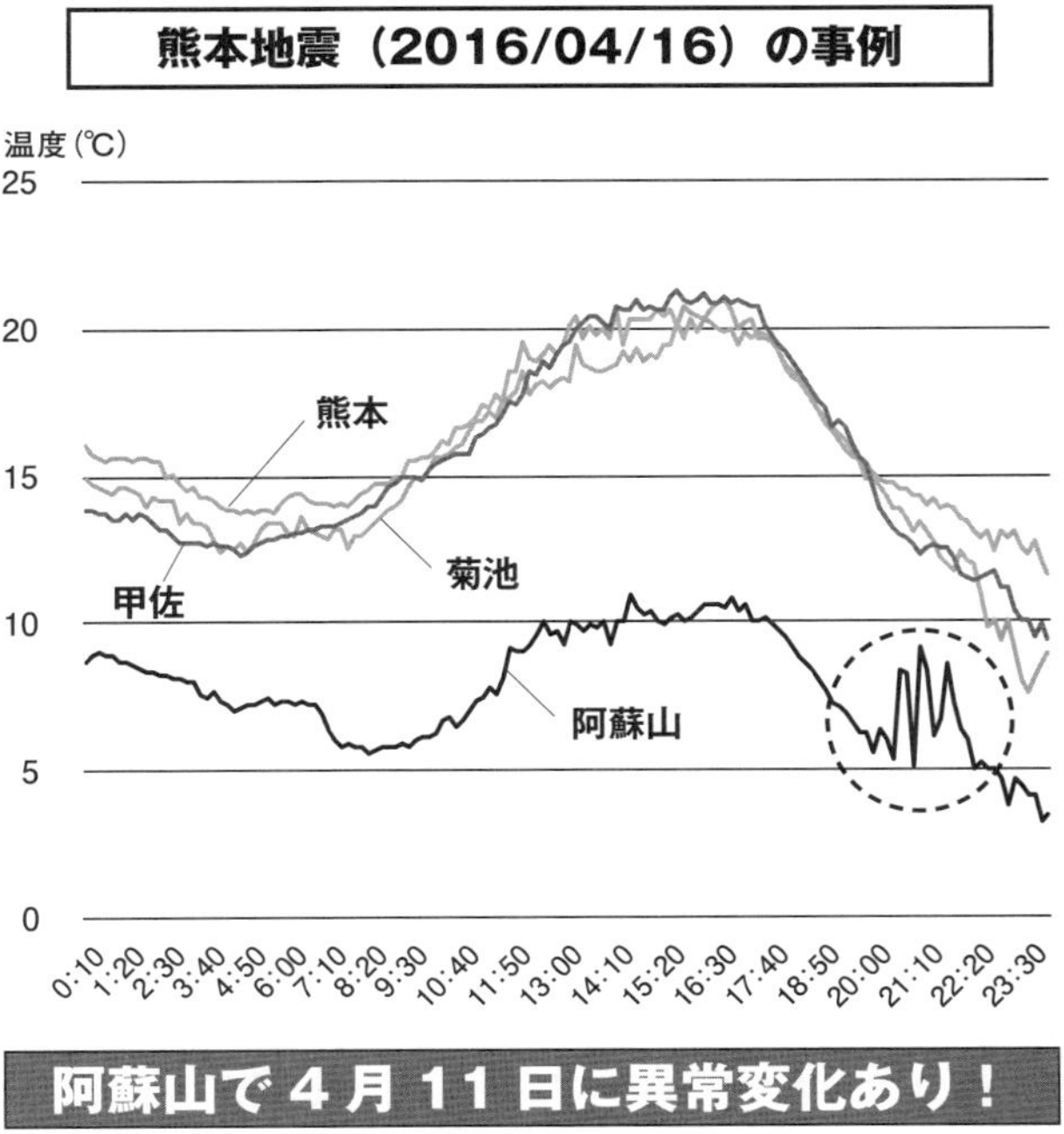

図27　北海道胆振地方に現れた疑似的異常気温の分布

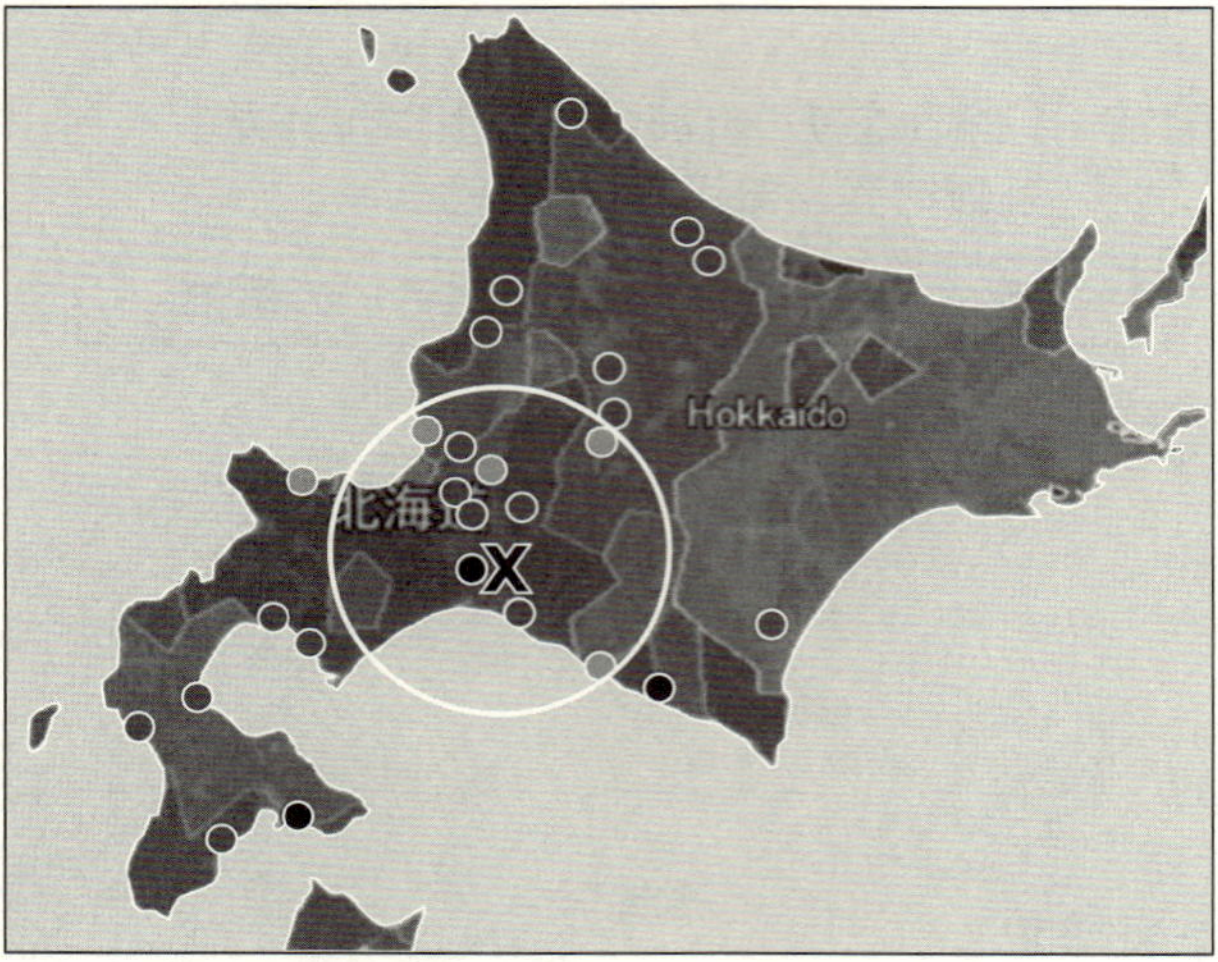

して色分けしているが、まだ事例が少ないので、検証を続けている。

二〇一八年一一月一四日、同年九月の北海道胆振東部地震の余震（M４・７、最大震度４）が起きたが、【図27】はその四日前の一一月一〇日に現れた、胆振地方の疑似的な異常気温の分布を示したものである。図中の黒やグレーの丸は異常気温が記録された地点を示しているが、震源（×）に近い場所でより多く発生していたことがお分かりいただけるであろう。

■「前兆検知」のあらゆる可能性に挑戦する

前著を刊行した二〇一五年一月以降、データの蓄積が進んでいること、そして、ハード・ソフト両面において進化・深化していることをお伝えしてきた。また、地震予測の方法について、さまざまな角度から研究を行ない、試行錯誤していることが、お分かりいただけたかと思う。

あらたに取り組んでいる補完的な地震予測については、あまりにも多様なアプローチであることに、奇異の念を抱く読者もいるかもしれない。ただ、繰り返しになるが、「あらゆる可能性を排除しない」のが私の基本的態度である。さまざまな方法を研究してみて、空振りが続いたり、科学的検証が難しいと判断したりすれば、その方法は採用しなければよい。通説にとらわれ、何もアクションを起こさず、ただただ地震に襲われるのを待っていることに、私は耐えられない。たとえ一％でも、地震の「前兆検知」が高まる可能性があるのなら、それにトライしてみることが私の役割だと考える。

とはいえ、私の地震予測の〝本丸〟は、地殻変動の観測・分析である。

次章では、その地殻変動分析にあらたな着眼点を得たことについて、詳しく報告したい。

第三章　「ミニプレート」が動くから地震が起きる

■熊本地震で「ミニプレート」に着目する

まず「ミニプレート」とは何か、について解説しよう。

「ミニプレート」とは、地球表層が同じような三次元的変動をする大きなまとまりである。私が「ミニプレート」に着目したのは、二〇一六年四月一六日に起きた熊本地震を解析していたときだった。

【図28】を見ていただきたい。

これは、熊本地震が起こった際の測位衛星データを解析したものである。熊本市周辺は約一五センチ沈降したのに対して、そのすぐ北東のエリアは約二五センチ隆起し（図の斜線部分）、さらに北東（阿蘇山周辺）では沈降、さらにその北東（大分県湯布院周辺）も沈降したことが分かる。

次に、矢印（△）を見てもらいたい。矢印は、地表が水平にどの方向へ変位したか、つまり、どの方向へ動いたかを示す。これを見ると、同じ九州の中でも、さまざまな方向に

図28　熊本地震後の水平移動と隆起・沈降

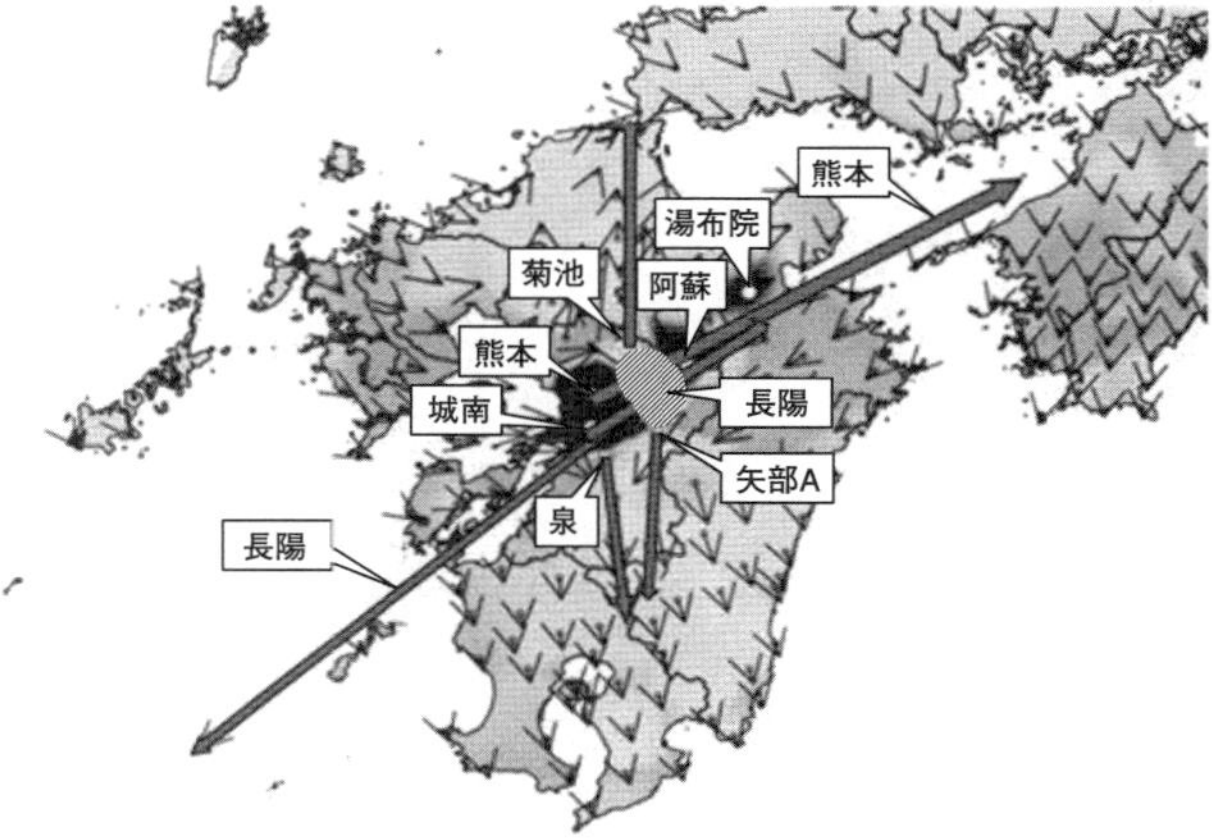

矢印が向いていることが分かるだろう。

九州の北東部、福岡・大分北部エリアは、矢印が全て北方向へ向いている。その南の大分中部・南部エリアは、南西方向へ矢印が向いている。九州南部の宮崎・鹿児島エリアは、南方向へ矢印が向いている。視線を北西に移すと、九州西部の長崎・佐賀・熊本エリアは南東方向に矢印が向いている。このように、九州の中にもいくつかのブロック＝「塊」があり、それぞれの「塊」ごとに同じ方向へ動いていることが分かった。

ここから類推できるのは、地震は「断層」、つまり「線」が動くことで起こるのではなく、このような「塊」が動くことでその境界部にひずみが溜まり発生するのではないか——という仮説であり、「ミニプレート理論」とも言うべきものである。

■日本列島を八つのクラスタに分ける

この仮説を、日本列島全域に当てはめることができるかどうか。私は、さっそく解析にとりかかった。そのために採ったのが、「クラスタリング」という方法である。

クラスタとは「塊」のこと。集積したデータを共通する特徴を持つクラスタに分類するのが「クラスタリング」だ。この場合は、一年分の測位衛星データを集積し、地表が三次元的に同じような方向へ動いている「塊」を抽出し、分類するわけである。

ここで重要なのは、日本列島を、どの程度の数のクラスタに分類するかということだ。たとえば、「東日本／西日本」のような大雑把すぎる分類では意味がないし、かといって、細かく分けすぎても独立性あるいは分離性が悪くなり、有用なデータを得ることはできない。地震との相関を見るのに、どの程度の分類が最適なのかを見極めなくてはならないのだ。

八四〜八五ページの【図29】に示すように、私は、日本列島を八つのクラスタに分けることが最適と判断した。なぜ八つのクラスタが最適としたかというと、地震発生との相関が一番高いからである。

二〇一六年の一年間の週平均XYZデータを用いて、地域が異なっても、三次元的に同じ方向へ動いているエリアを、八つのクラスタに分類した。大まかではあるが、各クラス

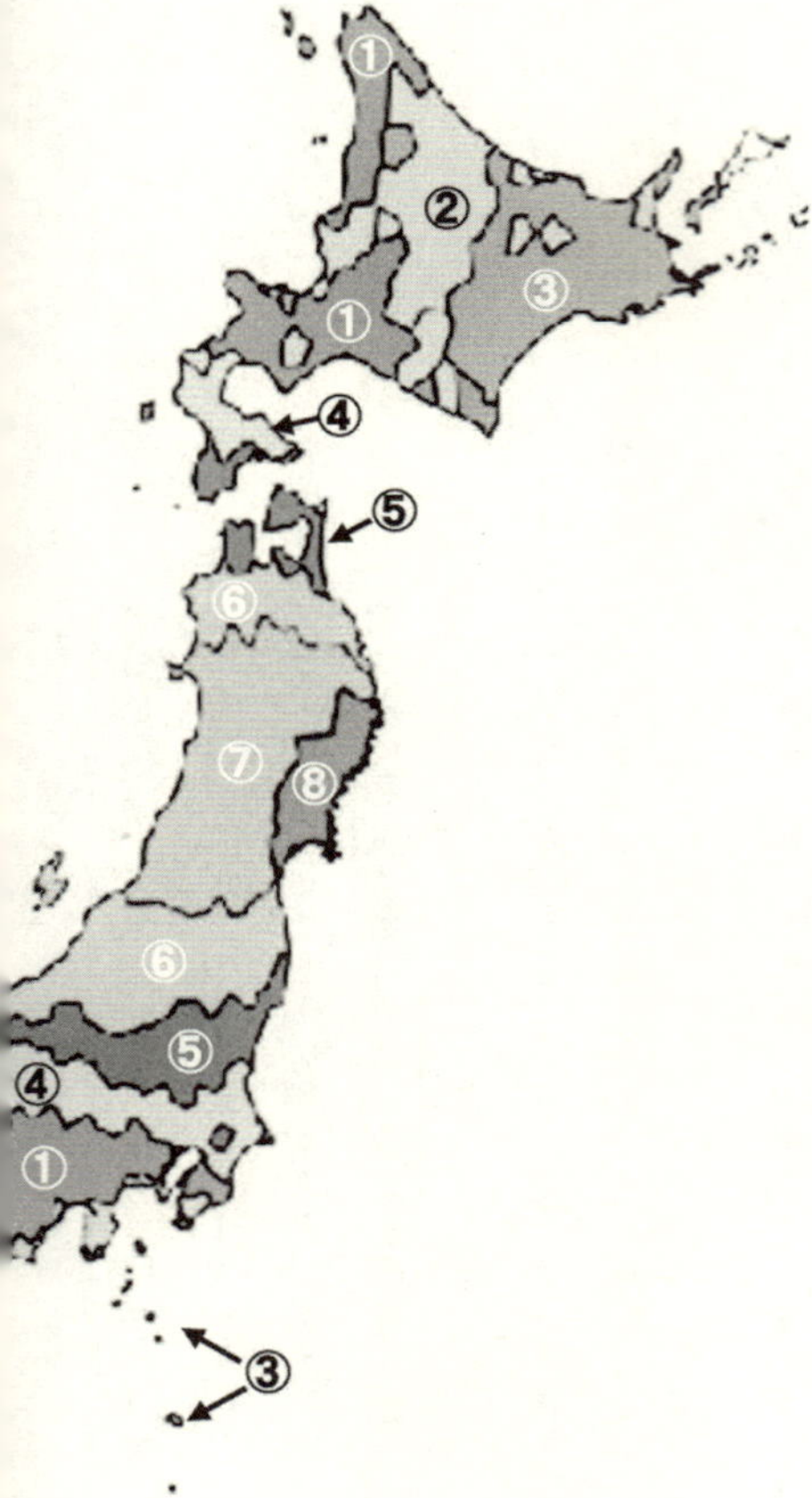
①
②
③
①
④
⑤
⑥
⑦
⑧
⑥
⑤
④
①
③

図29　クラスタ分類された8つのミニプレート

タが日本列島のどの地域に主に分布しているかを示しておこう。

①　中央構造MP《ミニプレート》＝北海道北部・中部・西部、関東〜東海〜近畿の太平洋ベルト地帯、四国北部、九州の一部（大分県北部、熊本県北部）。日本の大断層帯と言われる中央構造線を含む「ミニプレート」と言える。

②　南寄り中央構造MP＝北海道北東部、南関東、東海南部、紀伊半島南部、四国中部、九州の一部（大分県中部、熊本県中部）

③　南岸MP＝北海道東部、房総半島南端、伊豆半島南端、紀伊半島南端、四国南部

④　北寄り中央構造MP＝北海道南部、関東〜中部〜近畿の内陸部、山陽、九州北部、宮崎県北部

⑤　島根・茨城横断MP＝北海道南端、下北半島、津軽半島、北関東沿岸〜内陸部、長野県北部〜北陸、山陰、九州西部、九州南部

⑥　新潟・福島横断MP＝青森県（⑤のエリアを除く）、福島県〜新潟県〜富山県〜能登半島

⑦　出羽MP＝東北（⑤、⑥、⑧のエリアを除く）、新潟県北部
⑧　北上MP＝岩手県〜宮城県沿岸部。東日本大震災で最も激しく変動し、津波の被害が一番甚大だった「ミニプレート」である。

このように分類した各クラスタを、私は「ミニプレート」と定義した。本書でも、以降、ミニプレート①〜⑧と記述する。

■既存の地体構造図との比較

このような「ミニプレート」分類図は、地質調査や地質学的資料を参考にしたものではなく、測位衛星の三次元データのみによって導き出したものである。日々集積される衛星データに基づいているので、定量的であり、動的であり、再現性がある。

一方で、従来の地質学によって作成された地体構造図がある。こちらは、地質学者がそれぞれの現地調査や経験に基づいて作成したもので、作成者によって内容が異なる。つま

り定性的で、静的であり、再現性に乏しい。

ここで、先ほどの「ミニプレート」分類図と、既存の地体構造図を比較していただきたい（【図30】）。下が「ナショナルアトラス」の地体構造図である。

関東から紀伊半島～四国を経て九州へ至る断層、いわゆる「中央構造線」に沿ったエリアは似たところが多いが、東北から関東にまたがるエリアは、「ミニプレート」分類図ではより細分化されている。

前述したように、「ミニプレート」は、測位衛星データを用いて地殻の三次元的変動から同じような変動をしているクラスタに定量的に分類したものであり、既存の地体構造図は、定性的に同じ地質単元と推定できる地体に分類したものである。その違いが、この二つの図の違いに現れている。また、山岳地帯などでは綿密な現地調査ができない場合もあるので、既存の地体構造図では、十分に詳細な分類ができていない箇所が見受けられる。

図30　ミニプレート分類図と地体構造図の比較

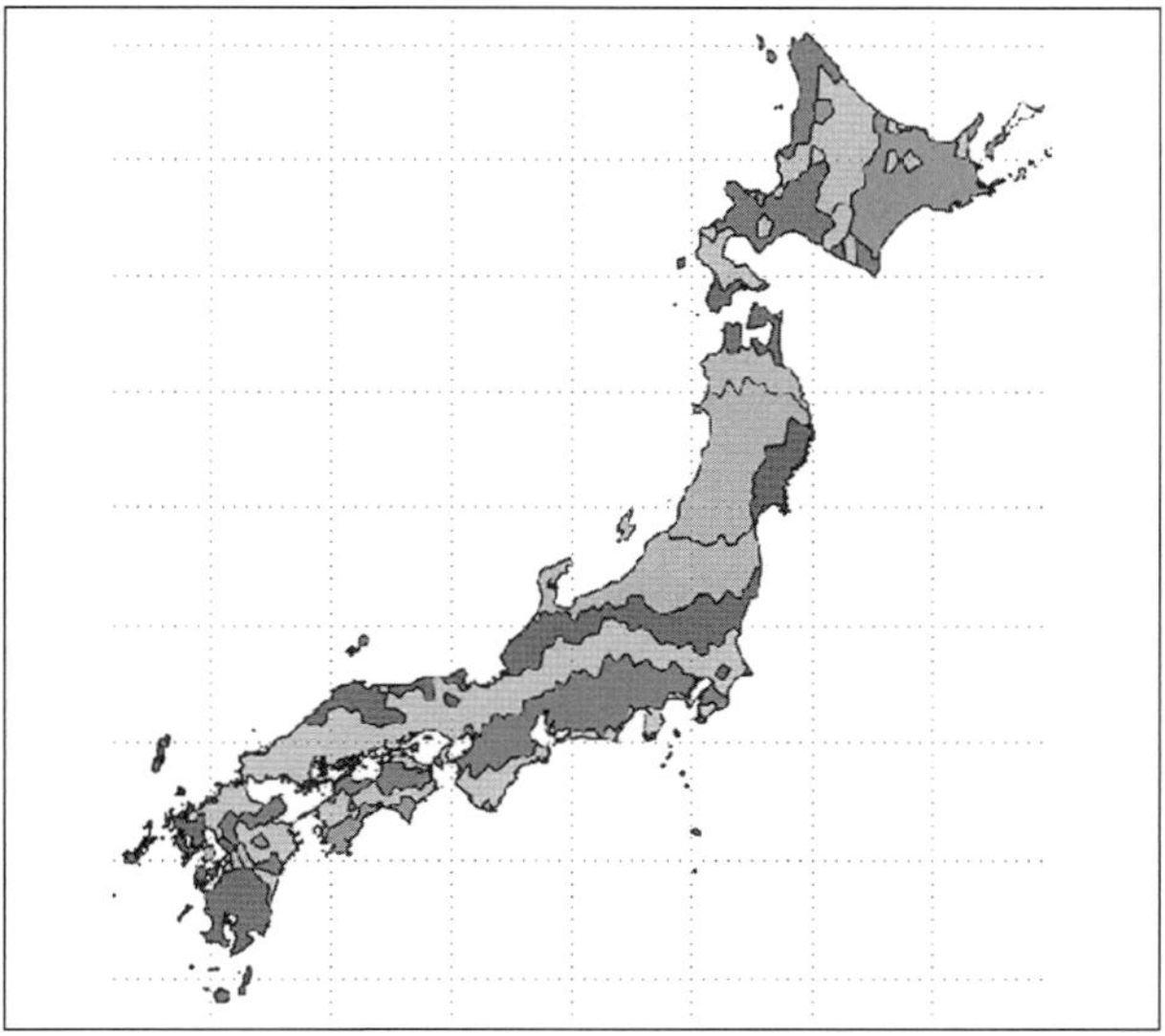

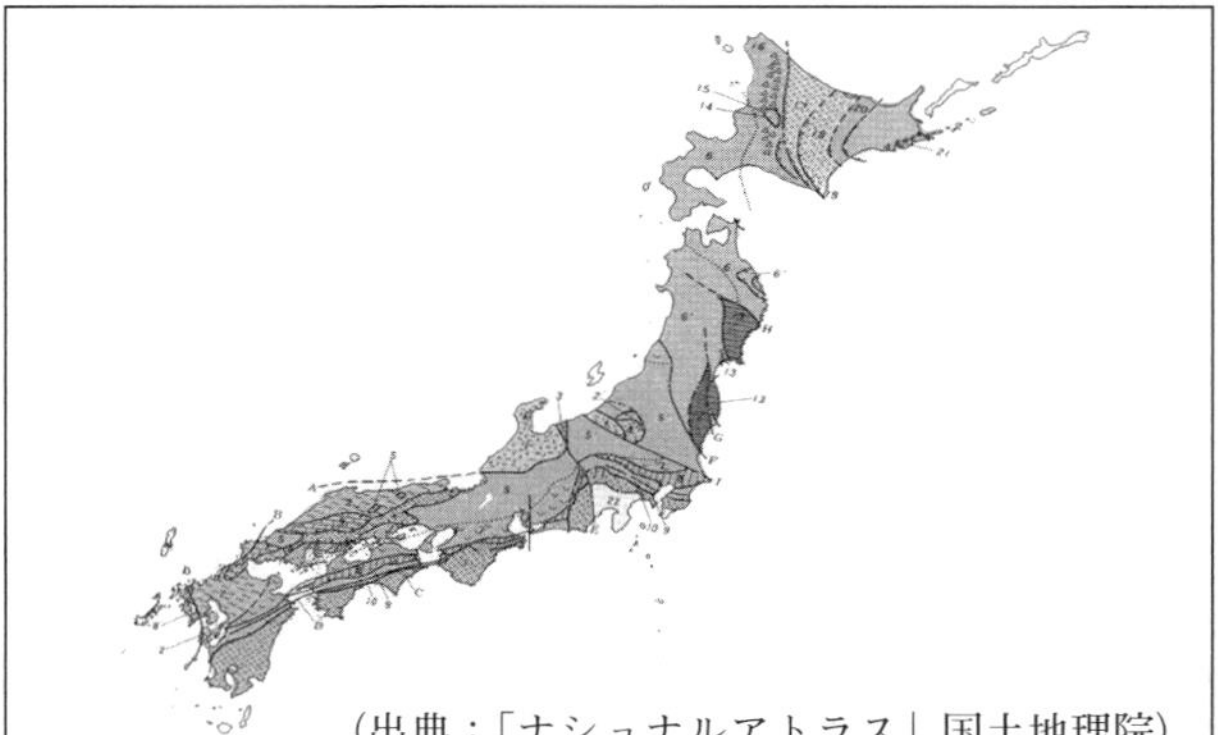

(出典：「ナショナルアトラス」国土地理院)

■「ミニプレート」は変動している

先ほど私は、「ミニプレート」分類図は動的である、と述べた。地表は日々、微妙に動いている。日々集積されるデータから「動き方」を導き出し、分類図の上に反映させながら、分析を更新していく。それが、私の方法である。

【図31】に即して、具体的に説明しよう。図は二〇一六年の一年間に八つの「ミニプレート」がどの方向に動いたかを矢印の向きと太さで示したものである。

二〇一六年に最も大きな「動き方」を示したのは、ミニプレート⑧である。言うまでもなく、二〇一一年の東日本大震災の震源地近くで、津波の被害が最も激しかった地域だ。当時、大きく沈降した地表が、いまはどんどん隆起して、元に戻ろうとしている。そして、水平変動では南東方向へ「動いて」いるのだ。従来の地体構造図でも、このエリアは他のエリアと異なる地体構造に分類されている。

他の「ミニプレート」の状態を見ると、③、④、⑦が沈降傾向、①と②が隆起傾向で、

図31　ミニプレートの動き

⑤、⑥の上下動は小幅である。

一方、水平変動では、ほぼ全ての「ミニプレート」が、⑧と同様に南東方向へ「動いて」いることが、図の矢印が同じ方向を向いていることからお分かりだろう。しかし、四国の足摺《あしずり》半島付近および北海道の根室・釧路付近に示した矢印に注目していただきたい。唯一、

③だけが北西方向、つまり、他の「ミニプレート」とは全く逆方向に「動いて」いるのだ。
③の「ミニプレート」は、伊豆諸島などと同じくフィリピン海プレートと同じ動きをしている。海上保安庁などが設置している海底基準点の動きを見ると、海底でも北西方向に動いている。日本列島の主たる水平変動は南東方向に向いているのに対し、太平洋南岸および根室・釧路エリアは北西方向に向いていて、互いに押し合っている。この押し合いのバランスが崩れると、南海・東南海・東海に地震が起きる可能性が高い。
これが、いまの日本列島の「ミニプレート」の「動的な」姿であることを知っていただきたい。

■地震と「ミニプレート」の関係

では、ここまで説明してきた「ミニプレート」と地震とがどう関係するのか、分析を進めていきたい。

九四〜九五ページの【図32a】および【図32b】は、【図32a】が「ミニプレート」分類図に、二〇〇八年一月から二〇一八年六月までに起きた震度5弱以上の地震の震源の分布を重ね合わせたもの（震源地を示すマーカーの大きさは、震度の大きさに比例。色は震源の深さを表現）。【図32b】が、同じマーカーを「ナショナルアトラス」の地体構造図に重ねたものだ。

【図32a】を一見すると、内陸を震源とする地震の多くは、異なる「ミニプレート」の境界付近で起きているように見えないだろうか。一方、【図32b】を見ると、異なる地体の境界と震源地の分布には、「ミニプレート」のような相関関係は乏しい。言い換えれば、従来の地体構造図の境界付近では、あまり地震は発生していないのだ。

だが、これだけでは、まだ緻密な分析はできない。

九六～九七ページに示す【図33】は、「ミニプレート」分類図を拡大したものだ。図中にたくさんある点は、全国に設置されている電子基準点の位置である。

ここに、先ほど示した震度5弱以上の地震の震源の分布を重ね、震源地から半径二五キロメートルに円を描く。円の大きさを二五キロメートルにしたのは、電子基準点の設置間隔が平均約二〇キロメートルだからである。そして、同じ円の中に異なる「ミニプレー

図32a　ミニプレート分類図と震度5弱以上の地震

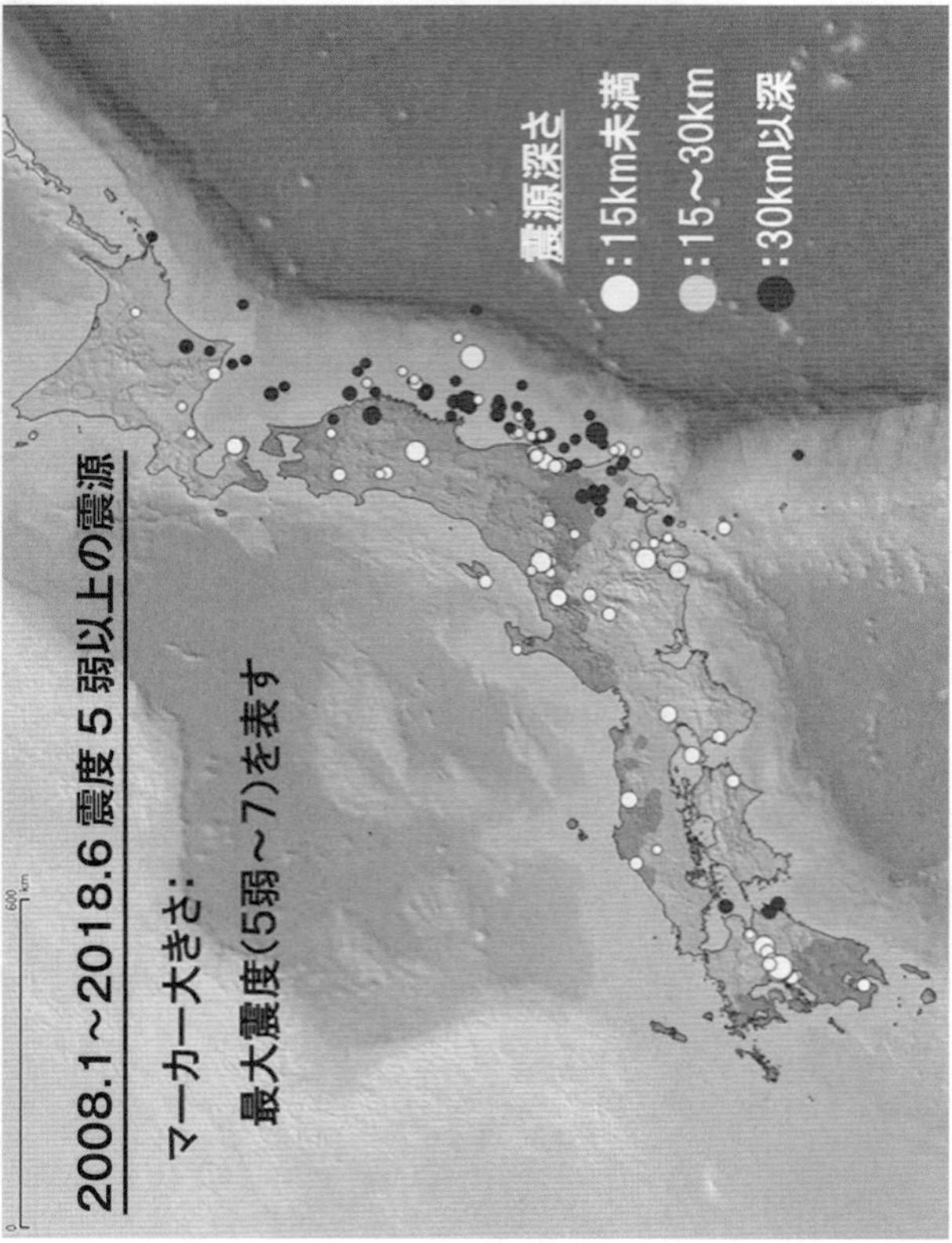

図32b　地体構造図と震度5弱以上の地震

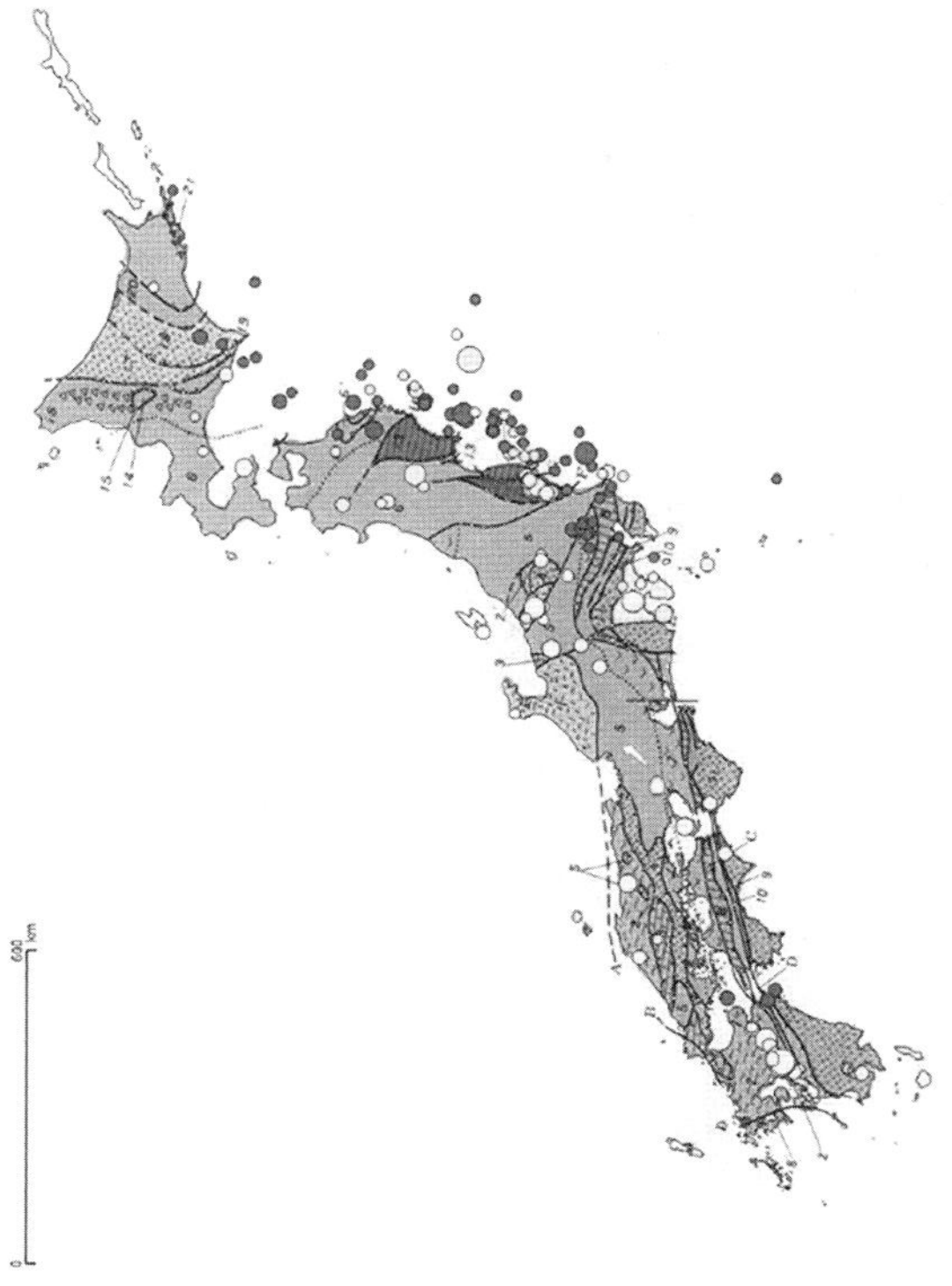

（「ナショナルアトラス」の地体構造図を基に作成）

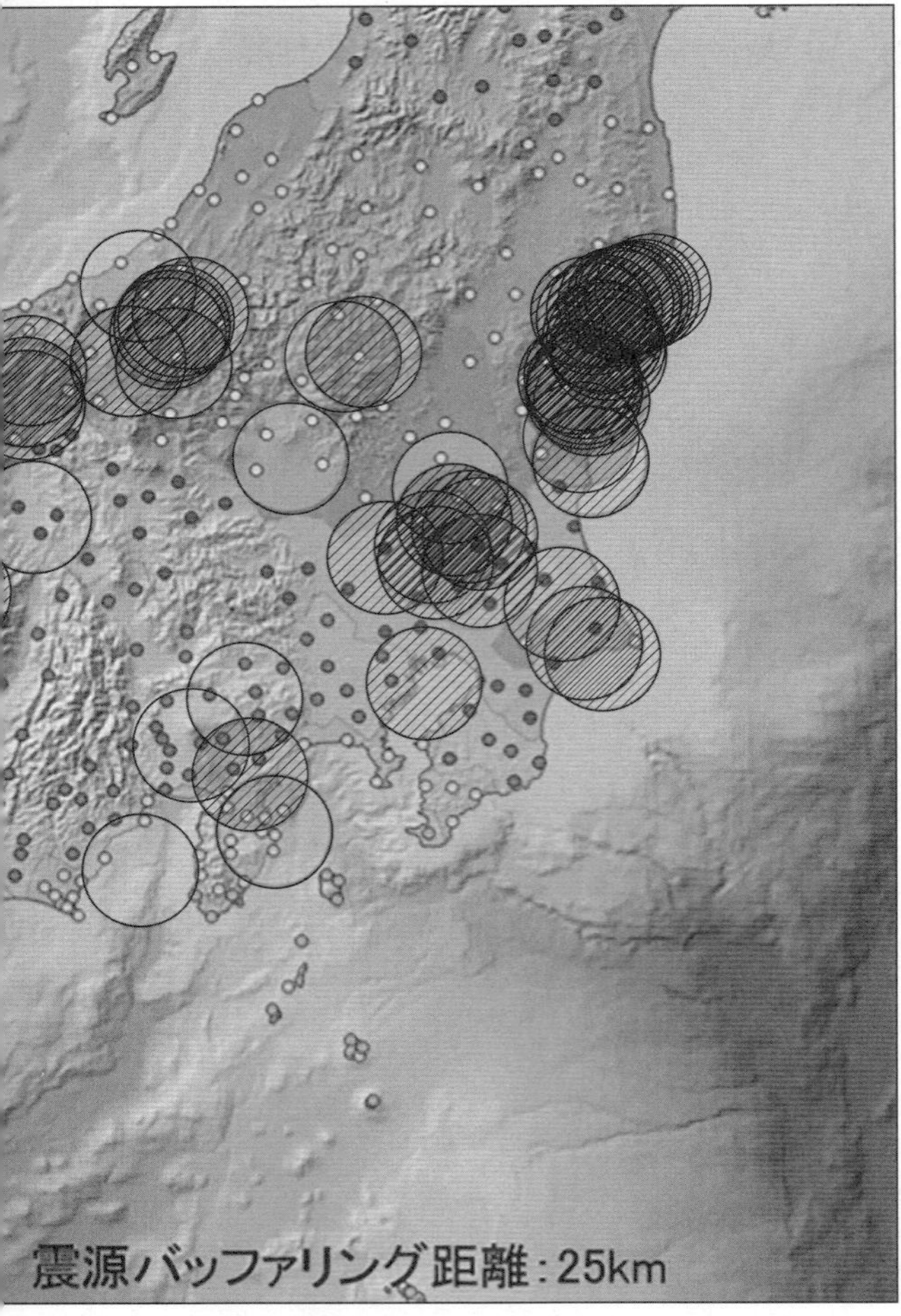
震源バッファリング距離：25km

図33　震度5弱以上の地震とミニプレート境界

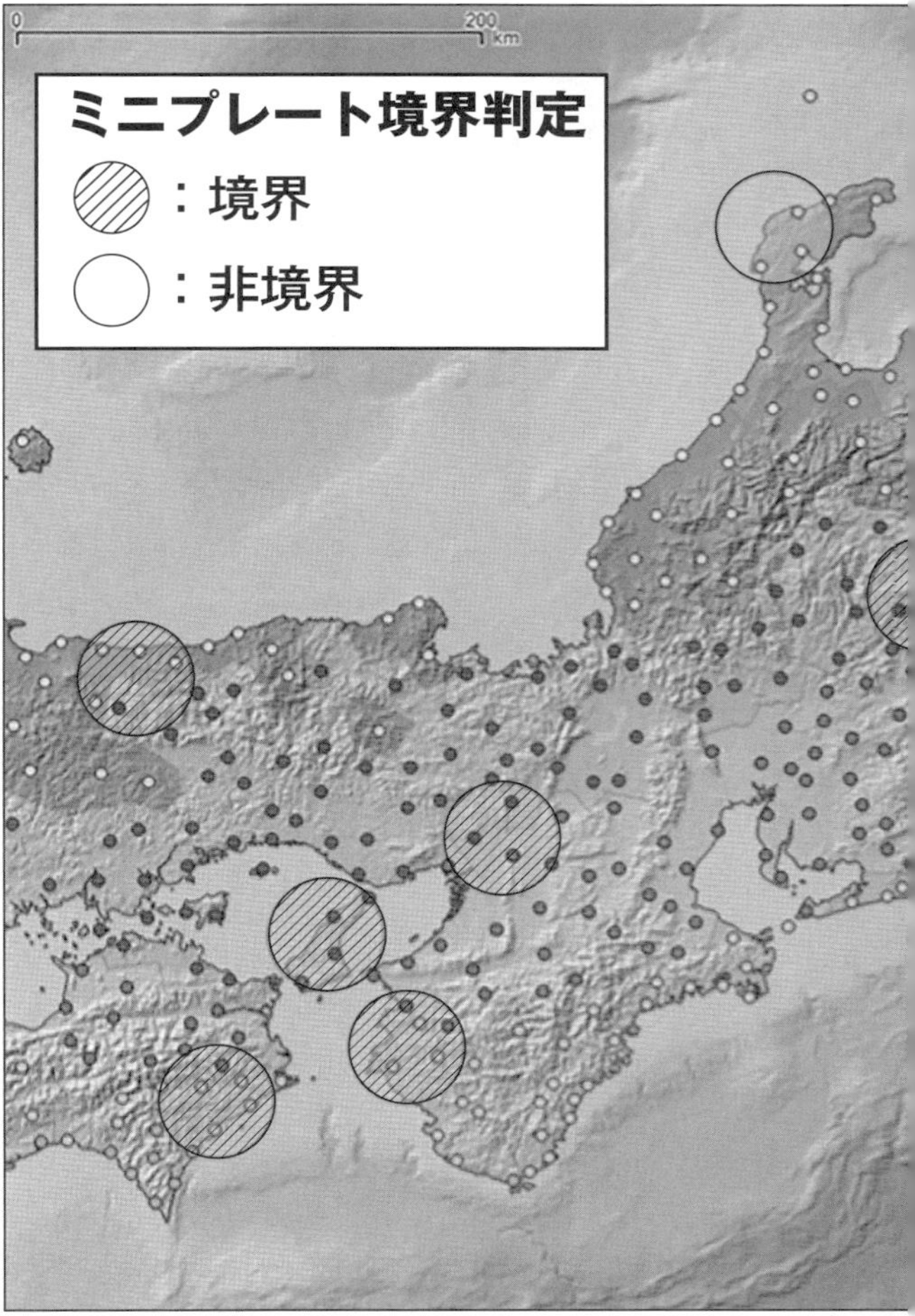

ト」が含まれていたら「境界」と認識するようにコンピュータにプログラミングした結果が、この図である。「境界」を斜線ありの円で、「非境界」を斜線なしの円で示した。

これを、八つの「ミニプレート」全てについて調べ、集計したところ、以下のような結果が出た（境界合致率の小数点第二位以下は四捨五入）。

境界合致数＝76　非境界＝31　境界合致率＝71・0％

これは震源地から半径二五キロメートルの円で導いた結果だが、さらに、二五～四五キロメートル、二〇～四〇キロメートルのバッファ距離に設定してそれぞれ調べたところ、次のような結果となった。

【半径二五～四五キロメートル】（震度の大きさによって円の大きさを変えた）

境界合致数＝83　非境界＝26　境界合致率＝76・1％

【半径二〇～四〇キロメートル】（円の大きさを小さくした）

境界合致数＝67　非境界＝32　境界合致率＝67・7％

つまり、震度5弱以上の内陸地震の約七割は「ミニプレート」の境界で起きていることが、ここから分かるのである。

具体例をあげれば、二〇一八年に相次いで起きた島根県西部地震（四月九日、M6・1、最大震度5強）、長野県北部地震（五月一二日、M5・2、最大震度5弱）、大阪府北部地震（六月一八日、M6・1、最大震度6弱）は、全て「ミニプレート」の境界付近を震源としていた。

■断層と「ミニプレート」

本章の冒頭で、地震は「断層」、つまり「線」が動くことで起こるのではなく、このような「塊」の境界部にひずみが溜まることによって発生するのではないか――という仮説を示した。

第一章でも述べたように、従来、地震の専門家は「断層が動くから地震が起きる」と解説してきた。しかし、前にも述べたが、活断層の動きを時系列的に観測、あるいは測量しているわけではない。一方で、地震が起きたことで断層ができたことを示す測量記録は数多い。

つまり、地震によって断層ができることは科学的に検証されているが、断層によって地震が起きるという「断層＝地震の原因」説に十分な根拠はないのである。

【図34】は、「ミニプレート」分類図に、二〇〇八年一月～二〇一八年六月に起きた震度5弱以上の地震の震源地マーカーと活断層図（線で示す）を重ねたものだ。

見てお分かりのように、断層は、広範な地域にきわめて多く存在している。したがって、断層の存在と地震の発生とを事前に関連付けることは困難である。言えるのは、地震が起きた後で「ここには断層がありました」ということだけだ。

であれば、断層から地震を見るよりも、時系列的な測量が可能で、範囲の特定にあたっても有効な「ミニプレート」境界周辺を重視するほうが、科学的根拠もあり、地震予測にあたっても有用である――というのが、私の主張なのである。

図34　震度5弱以上の地震と断層

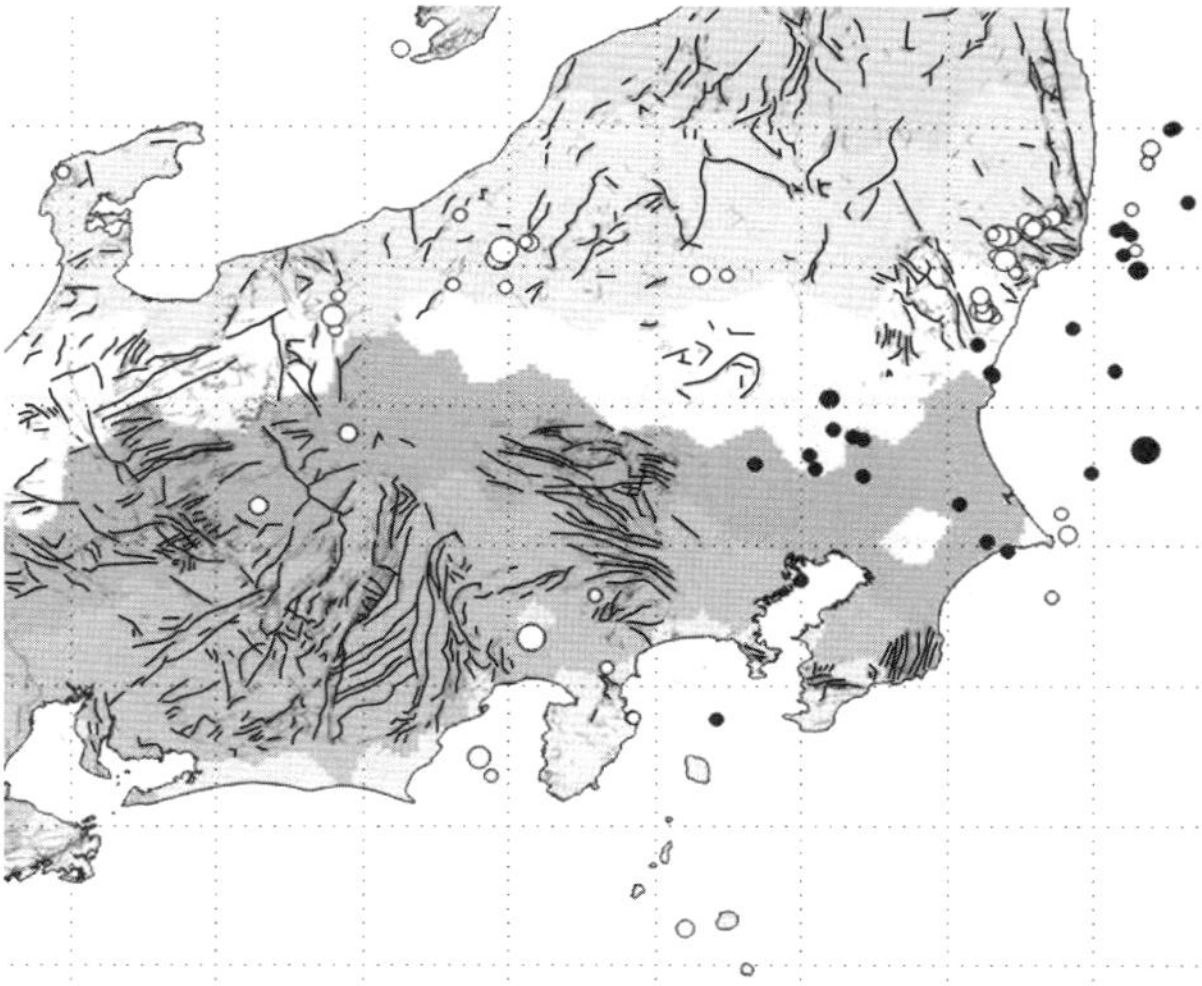

もちろん、発生する全ての地震について私の主張が合致するわけではないことも、付記しておかねばならない。いまだ研究は道半ばである。理論的な精度をより高め、分析手法を精緻化していく必要がある。

一〇二ページの【図35】は、二〇一八年に起きた北海道胆振東部地震の、震源地付近の拡大図である。北海道中部は複数の「ミニプレート」が混在する要注意エリアだが、この地震の震源地である厚真町《あつまちょう》はミニプレート①であり、周囲を取り囲むミ

図35　胆振東部地震で震度5弱以上揺れた点の分布

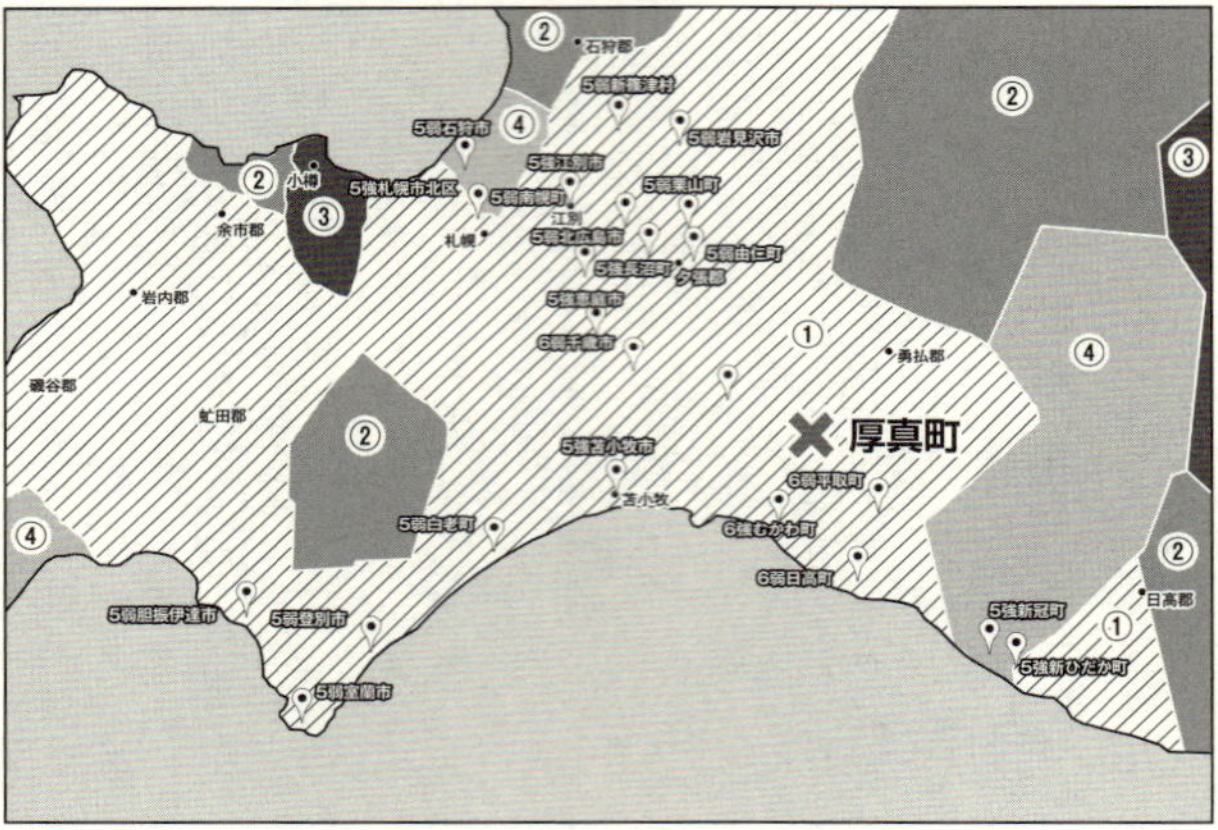

ニプレート②や④と近接しているとはいえ、半径二五キロメートルという前述の定義に当てはめれば、境界には合致しない。今後の課題を示すために、あえて、こうしたデータも明らかにしておく。

ただし、震度5弱以上揺れた点をプロットすると（図中のマーク）、ミニプレート①のエリアに集中していることが分かる。つまり胆振東部地震では、ミニプレート①が激しく動いたのである。また地殻の変動から見ると、揺れが大きかった地域の大部分が直前に沈降していたエリアであった（四一ページの【図9】参照）。

いずれにしても、「ミニプレート」の変動

解析と地震発生の相関分析は、今後の大きな研究課題である。

■東日本大震災を「ミニプレート」で再検証する

二〇一一年三月一一日の東日本大震災については、前著『地震は必ず予測できる！』において、主に、電子基準点のデータが示す地表変動（隆起・沈降）を分析し、明らかな前兆現象が現れていたことを指摘した。

それでは、このデータをここまで述べてきた「ミニプレート」説に当てはめると、どのようなことが言えるだろうか。再検証してみたい。

前著において、東日本大震災の前兆現象として、電子基準点のデータから「プレスリップ」が観測されていたことを示した。「プレスリップ」とは、地震の前触れとして、直前に地表がズルズルと動く現象を指す。

後追い検証ではあるが、もう一度、東日本大震災のときに起きたと解釈できる「プレスリップ」を再検討してみたい。

図36　東日本大震災の3日前から見られたプレスリップ

（気仙沼におけるXYZの値の内Yの値が特に異常下降）

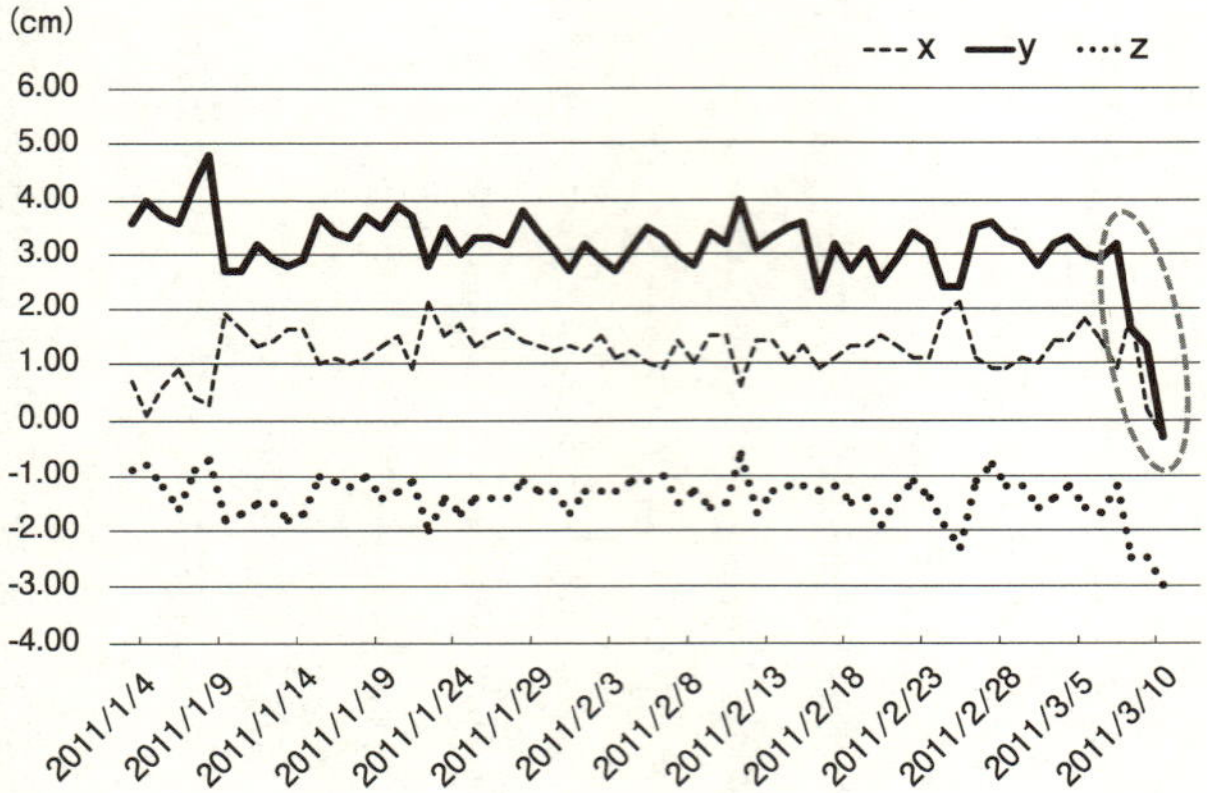

【図36】は、宮城県気仙沼《けせんぬま》における二〇一一年一月一日から震災前日の三月一〇日までのXYZの相対的変動をグラフにしたものである。

　これを見ると、XYZの中で、特にYの値が三月八日から一〇日にかけて急降下していることが分かる。これが「プレスリップ」と考えられる。Yの値の低下は、XYZの動きを総合して地表の動きに表すと東南東方向、すなわち日本海溝の方向に変動していることを意味する。実際の大震災では地表が東南東方向に大きく動いたわけであるから、まさに「プレスリップ」と解釈してよい。

では、地震直前の三日間で、三センチ以上Yの値が低下した電子基準点を「ミニプレート」分類図上にプロットしてみよう。すると、一〇六ページの【図37】に示すように、見事にミニプレート⑧に集中している。ミニプレート⑧の主たるエリアはいわゆる三陸地方であり、北上山地である。津波が最も高く、被害が甚大だったエリアだ。東日本大震災で一番重要なエリアはミニプレート⑧であったことが明らかである。

現在でも、ミニプレート⑧は日本列島の中で最も大きく南東方向に変動している。

図37　Yの値が2011年3月8日〜10日の3日間で
3センチ以上低下した電子基準点
（プレスリップがミニプレート⑧の中で起きた）

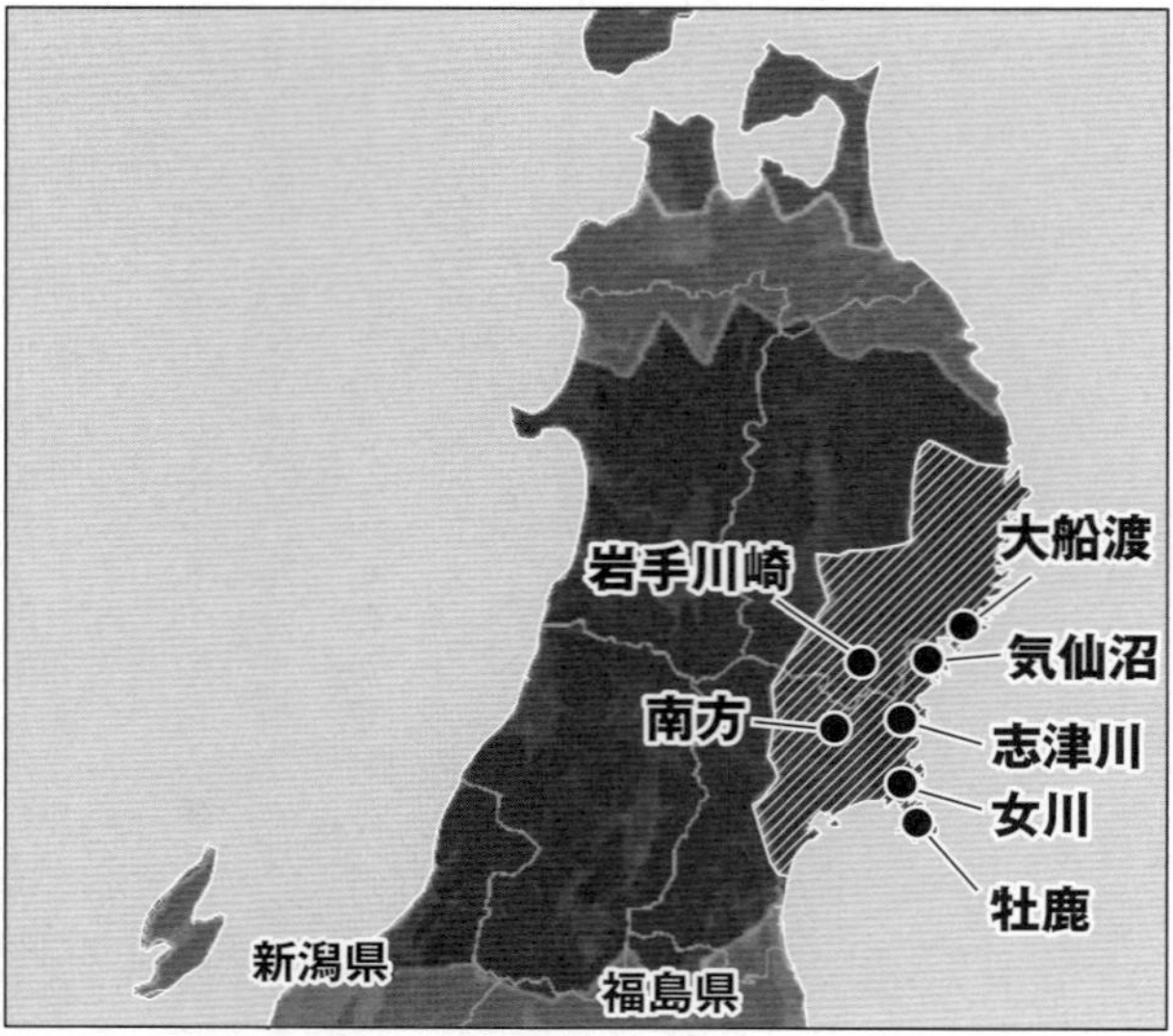

第四章　日本列島はこの先、どのように「動く」のか

私は地震予測をするにあたって、科学的根拠に基づくという原則を守ってきた。したがって、一切、推量では予測をしない。

本章では、日本列島がこの先、どのように「動く」かについて述べていく。具体的には、最近の地域別の変動の実態に即して、近い将来の変動を分析したい。また、第三章で説明したミニプレート理論に従って、各地域のミニプレートの変動とその特徴を踏まえた予測を試みる。

■北海道・青森県

最初に北海道・青森県がどのようなミニプレートで構成されているか、八四〜八五ページの【図29】を見てみよう。

八つのミニプレートのうち、北海道は①、②、③、④、⑤の五つのミニプレートで構成され、青森県は⑤と⑥の二つのミニプレートで構成されている。ミニプレート⑤は北海道の道南と青森県の北部にまたがっていることが分かる。青森県の北部は道南と同じ動きをしているから、地殻の変動の上では、青森県を北海道と同じ扱いとしてきた。

さて、北海道・青森県のミニプレートの並んでいる配置を注意深く見てほしい。そして本州および四国のミニプレートの並びの配置と比較してほしい。北海道・青森県を右に九〇度回転させると、本州・四国のミニプレートの並びと同じようになるのである（一一〇ページの【図38】）。

ミニプレート①、②、③と南方向に並び、④が北にあり、⑤、⑥は西に向かって本州と同じような並びになる。③は本州・四国では南岸に沿ってわずかな面積しかないが、北海道では根室・釧路地方に大きな面積を占めている。ミニプレート③は伊豆諸島などフィリピン海プレートと同じ動きをしており、これのみが北西方向に変動し、沈降している。根室・釧路地方は、同じミニプレート③の四国の足摺岬、室戸岬、紀伊半島の潮岬、伊豆半島南端、房総半島南端、伊豆諸島、小笠原諸島と連動して、水平方向にも垂直方向にも動いているのである。ミニプレート理論を確立して初めて分かった事実であった。

図38　北海道・青森県のミニプレート

図39　本州南岸と連動する根室・釧路の水平変動
（2018年10月14日～20日）

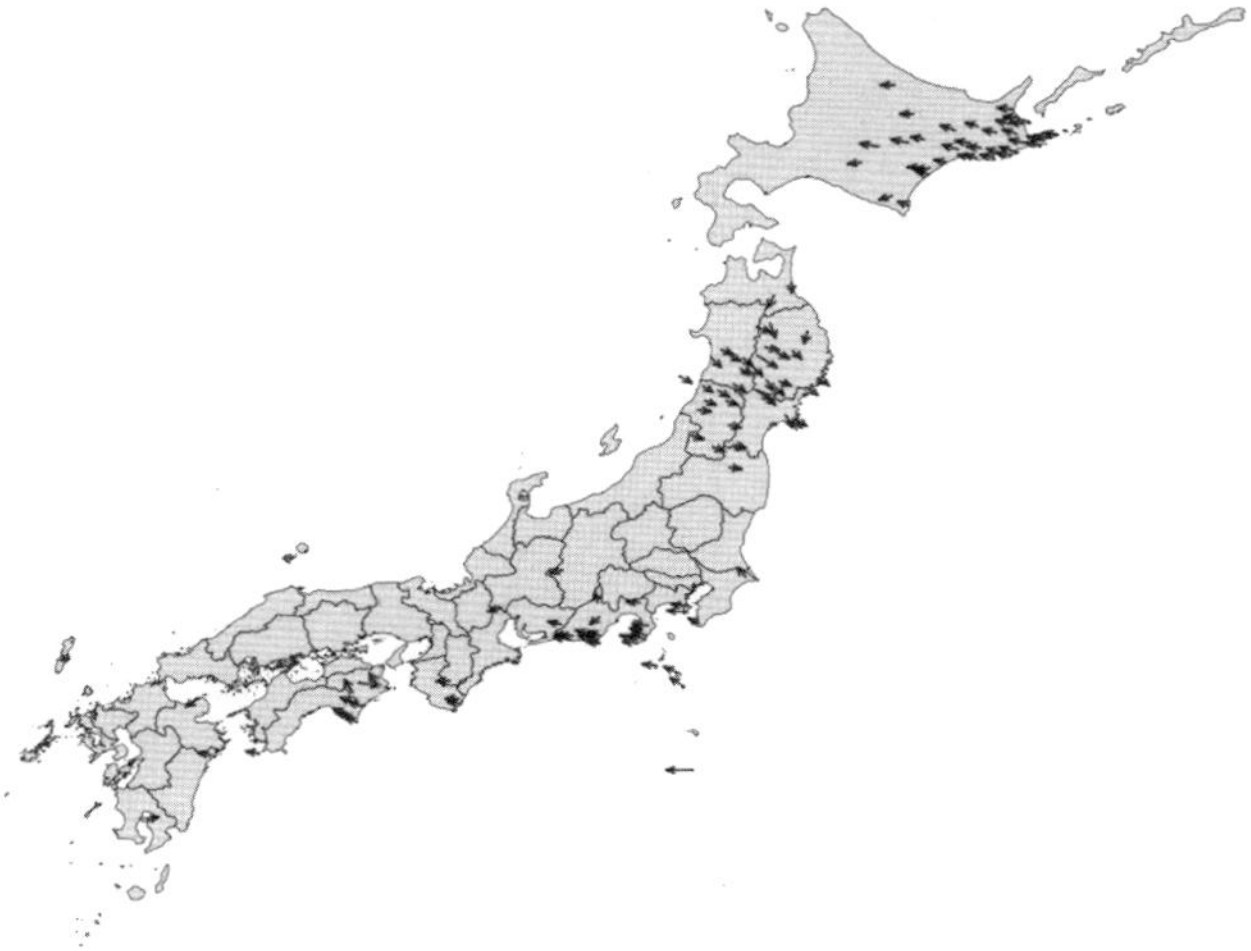

【図39】は、二〇一八年一一月一四日配信データによる二〇一八年一〇月一四日から一〇月二〇日までの日本列島の水平変動を示したベクトル図であるが、根室・釧路地方が四国や紀伊半島および静岡県や伊豆諸島の水平変動とほぼ同じであることに気付くであろう。一方、東北地方はほぼ南東方向に変動している。

普段の日本列島は、ミニプレート③以外は南東方向に変動している。二〇一八年八月までは、

図40　北海道の隆起・沈降図（2018年11月25日〜12月1日）

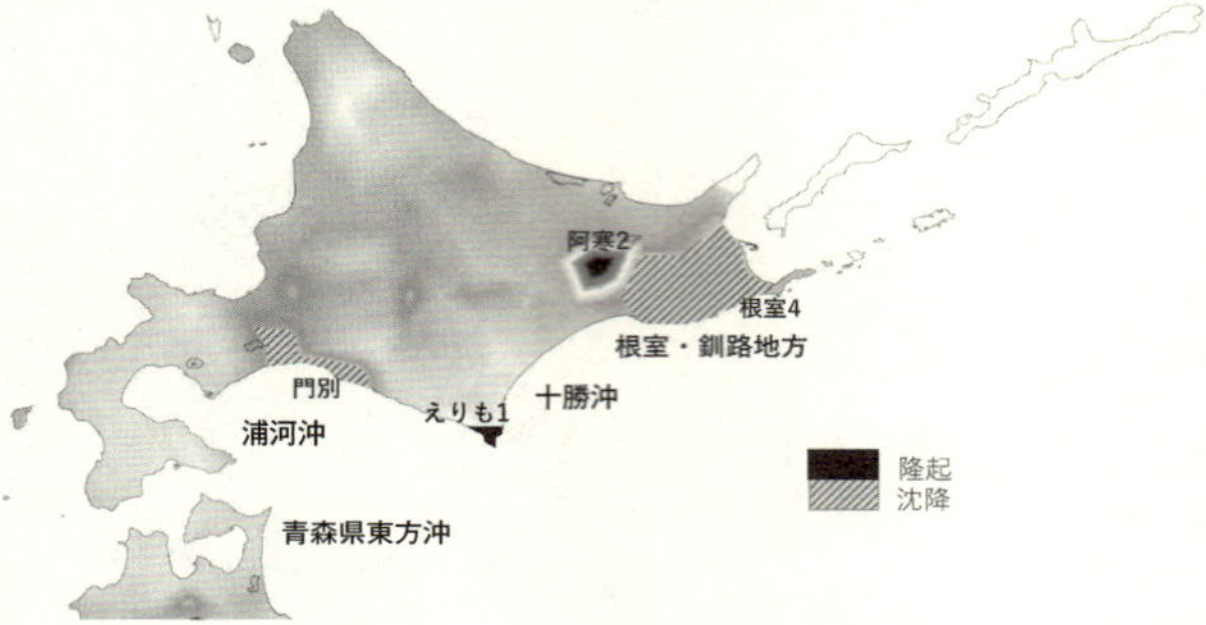

日本列島の他のミニプレートの南東方向への変動に負けて、【図39】に示すような西方向または北西方向への変動はほとんど見られていなかった。しかし、二〇一八年後半になってからこのバランスが崩れ、ミニプレート③の変動が目立つようになった。つまり、フィリピン海プレートにひずみが溜まり始めたと解釈できる。

次に、垂直方向の変動を示す隆起・沈降図を見てみよう。

【図40】は、二〇一八年一一月二五日〜一二月一日の隆起・沈降図である。まず目立つのは、根室・釧路地方が沈降している様態を表していることだ。この沈降が進行すれば要注意であろう。一方、その北西方向にある「阿寒2」は大きく隆起している。火山の雌阿寒岳があるため、隆起しているのである。「根室4」と「阿寒2」の高さ変動の差は約一三センチにもなっていて、かなりひずみが溜まっている。

二〇一八年九月六日に胆振東部で起きた地震（M6・7、最大震度7）で大きく揺れた「門別」は、海岸に沿って沈降している。一方、襟裳《えりも》岬にある「えりも1」は隆起している。「門別」と「えりも1」の高さ変動の差は、この図の時点で約七センチあり、経験則から危険な閾値と考えられる六センチを超えている。したがって、十勝沖、浦河沖、青森県東方沖などを含むエリアは「要警戒」と予測する。この海域は、ほぼ南北に走っている日本海溝が北東方向の千島海溝に向かって屈曲している海域であり、ひずみが溜まりやすいと解釈できる。過去には、一九八二年の浦河沖地震（M7・1、最大震度6）、二〇〇三年の十勝沖地震（M8・0、最大震度6弱）、二〇〇八年の十勝沖地震（M7・1、最大震度5弱）など大きな地震がこの海域で起きている。

一一〇ページの【図38】に示した北海道のミニプレートの分布を見ると、襟裳岬から道南、さらに青森県にまたがる地域はミニプレートがきわめて複雑に並んでいる。第三章で述べたように、ミニプレートの境界が地震発生と高い相関を持つのであるから、このエリアは「要警戒」とすべきである。えりも町に設置したPv観測点にたびたび異常が現れていることも考慮すると、なおさら地震が起こる可能性が高いと言わざるを得ない。

■東北・北関東

前述したように、ミニプレート⑧は二〇一一年の東日本大震災で最も大きく変動した。津波などの被害が一番大きかったエリアである。

【図41a】および【図41b】は、東日本大震災の水平方向および高さ方向の変動を図示したものである。

【図41a】は水平方向の変動を示すが、東北地方は震源近くの日本海溝に向かって大きく変動した。北側は南東方向、中央付近は東南東、南側は北東と、一点に向かっている様子が分かる。変動が地滑り的に起きたと解釈できる。

一方、高さ方向は【図41b】に示す。濃い色が大きく沈降したことを表す。日本列島の

図41a　東日本大震災の水平方向変動

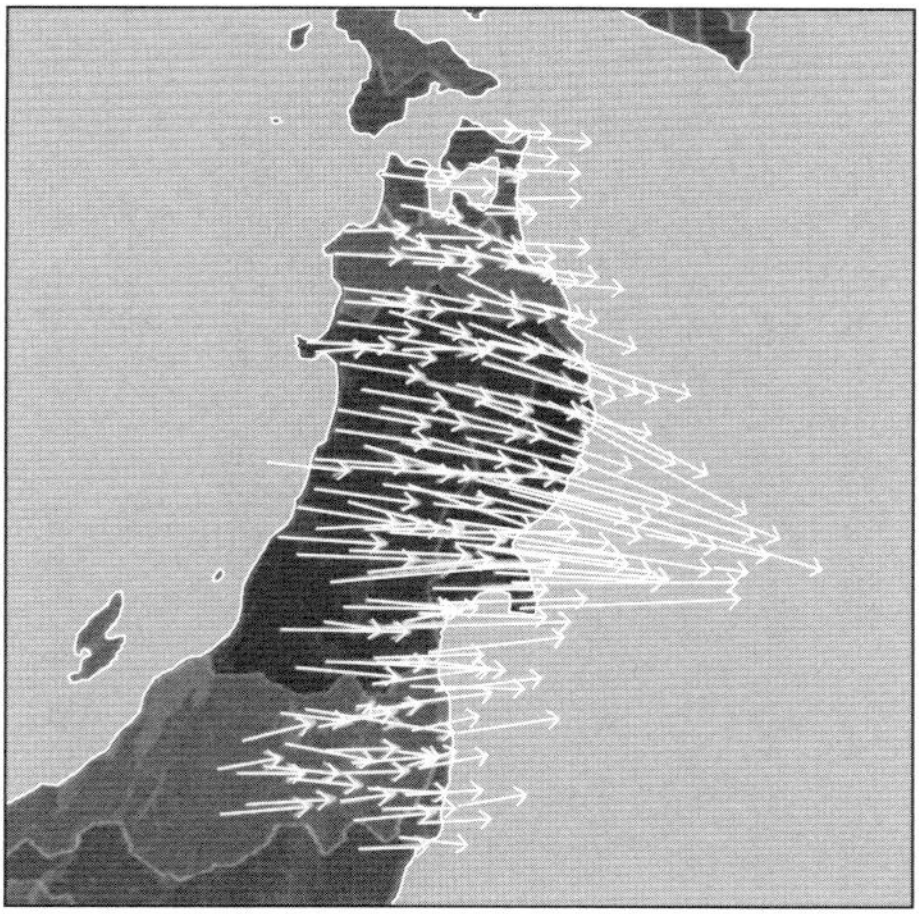

図41b　東日本大震災の高さ方向変動

大部分は沈降したが、わずかに北海道南岸、道南、秋田県、四国の南西岸が隆起した。

最も大きく沈降したのは、ミニプレート⑧の三陸エリアである。一〇六ページの【図37】で示したプレスリップが起きたエリアだ。ここでもう一度、六〇ページの【図17】を見てほしい。宮城県の「牡鹿」が一一〇センチと最も大きく沈降し、次に「女川《おながわ》」が八〇センチ、「気仙沼」と「志津川」が約六五センチの沈降であった。

震災の後、大きく沈降した東北地方の太平洋岸は元に戻ろうと隆起を続けている。東北地方太平洋岸の青森県、岩手県、宮城県、福島県、関東の茨城県で一番隆起をしている電子基準点を各一点ずつ選び、二〇一八年一月から一二月初めまでの隆起の状況をグラフに示したのが【図42】である。宮城県の「牡鹿」が一番隆起しており、岩手県の「大船渡」がそれに次ぐ。福島県の「いわき」と茨城県の「北茨城」がほぼ同じで後に続く。青森県の「八戸」は一番隆起が遅く、隆起の速度がそれぞれ異なることが分かる。隆起の速度が急変する青森県南部と岩手県北部、および福島県南部と茨城県北部にひずみが溜まりやすいので「要警戒」のエリアとなる。これらの境目は、ミニプレート⑧と太平洋岸で接するミニプレート⑦および⑥または、⑥と⑤との境界でもあることに留意してほしい。

図42　太平洋岸の隆起の速度の違い(2018年)

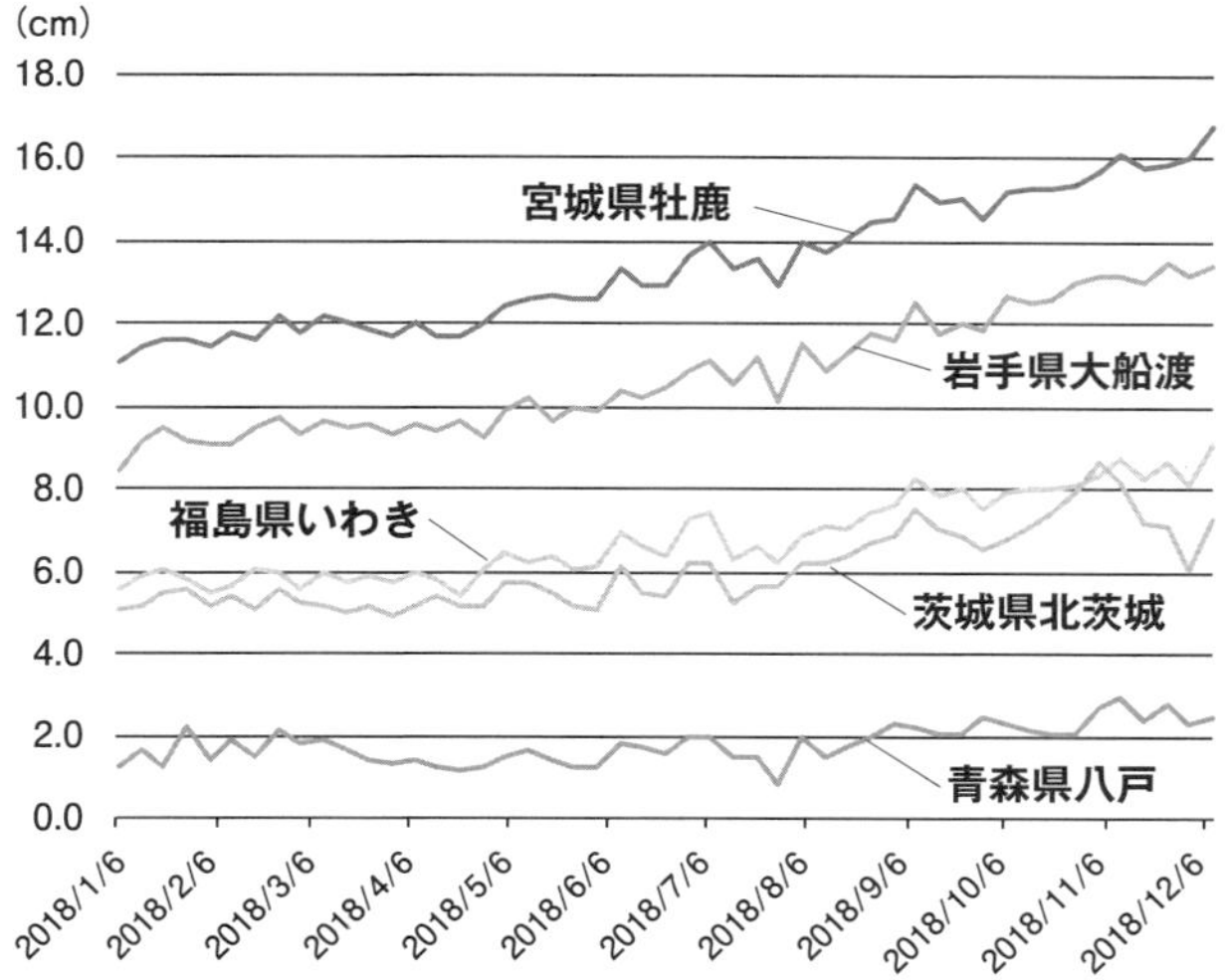

日本海側の山形県の高さ方向の変動は六〇ページの【図18】に示したが、秋田県も山形県とほぼ同じ様態を示す。秋田県および山形県は、震災の後は沈降傾向を示している。【図43】は二〇一八年一一月二五日〜一二月一日の東北地方の隆起・沈降図である。東北地方の太平洋岸は隆起を示しているのに対し、秋田県および山形県は沈降を示している。隆起している太平洋岸と沈降している日本海側の境目の奥羽山脈エリアにもひずみが溜まっていると予測できる。この奥羽山脈エリアの境目は、ミニプレート⑧と⑦の境目であることに留意してほしい。

また、東北地方太平洋岸の青森県と岩手県の県境周辺、および福島県と茨城県の県境周辺は地震の常襲地帯となっている。二三ページの【図3】に示した海底基準点の動きを見ると、宮城県沖と福島県沖の矢印の向きが、西北西の向きから南東の向きに変化していることが分かる。この事実からも、福島県沖にはひずみが溜まっていて、危険領域と解釈できる。

図43　東北地方の隆起・沈降図

（2018年11月25日～12月1日）

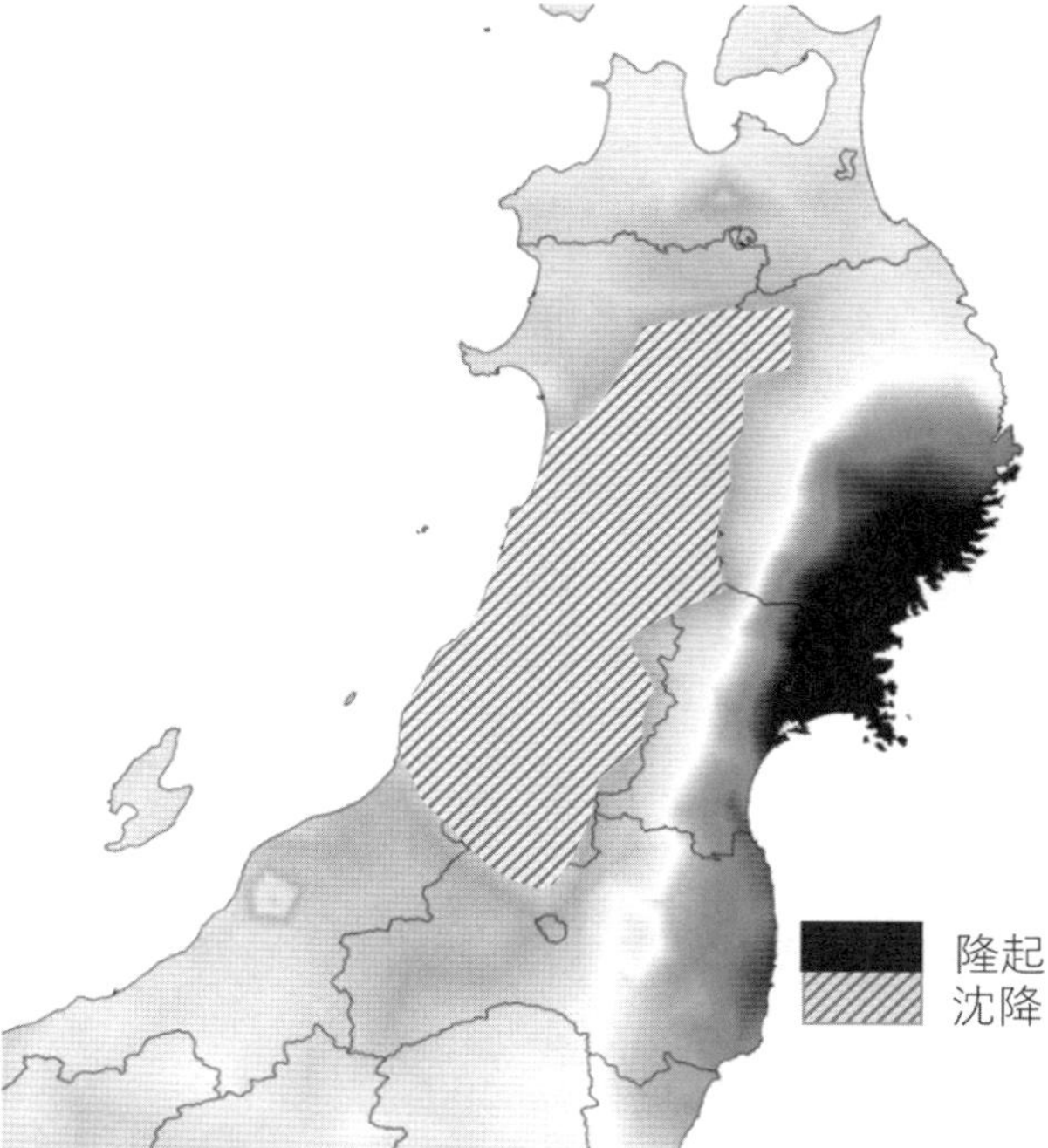

■南関東

テレビ・新聞などでは首都直下地震の危険性が取りざたされている。一七〇三年に起きた元禄《げんろく》地震（推定M８・２）は震源が房総半島南方沖で、死者は約七〇〇〇人と推定されている。一八五五年に起きた安政江戸地震（推定M６・９）は荒川河口付近が震源とされ、直下地震であった。死者は推定で約一万人。一九二三年に起きた関東大震災（M７・９）の震源は相模湾北部と推定され、死者は主として火災による約一〇万人であった。元禄地震および関東大震災は首都直下地震ではないが、江戸または東京は壊滅的な被害を受けた。東京を心配するなら、直下地震でなくても首都圏を含む南関東が震源となる地震も想定すべきであろう。

その意味では、伊豆諸島近海や静岡県の伊豆半島および御前崎《おまえざき》周辺、富士山に近い富士五湖エリア、茨城県南部や埼玉県など、広い領域で最近の異常変動を把握しておく必要がある。

図44　東京都の代表点の高さ方向の変動（2018年）

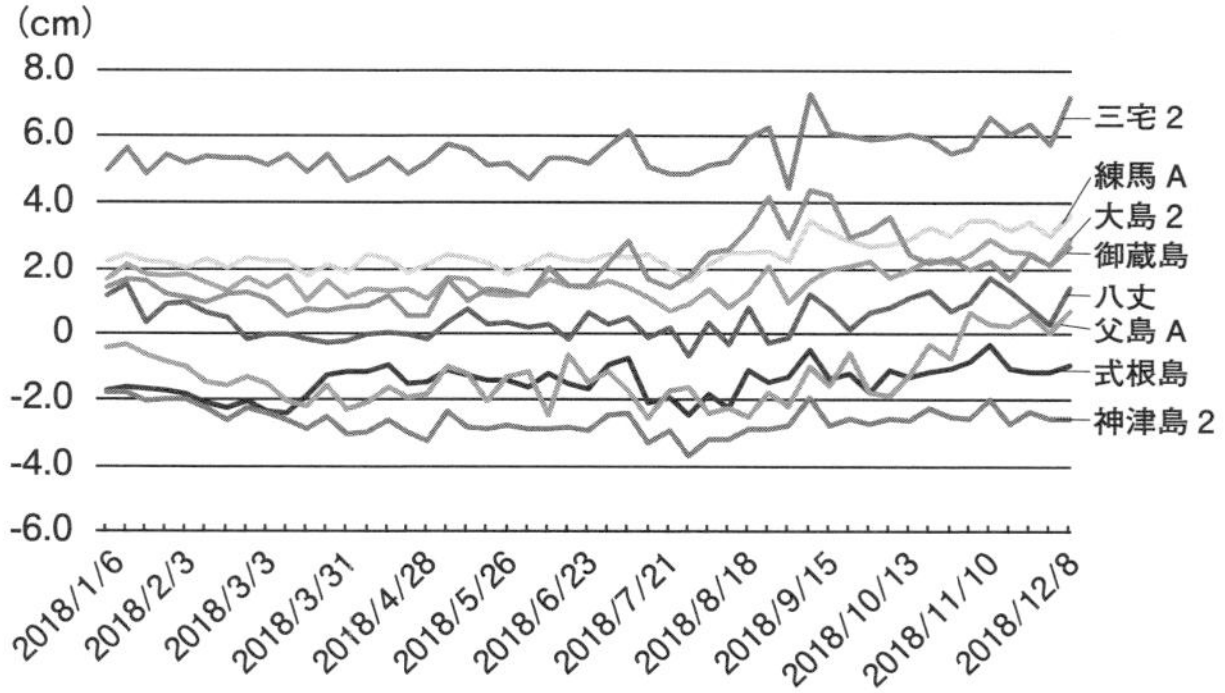

震源の位置と最大震度を示す位置は、震源が深いと、大きく異なる場合がある。象徴的な事例が、二〇一五年五月三〇日に起きた小笠原諸島西方沖地震（M8・1、最大震度5強）だった。東京都心から約一〇〇〇キロメートル離れた小笠原諸島付近で起きた地震だが、最大震度5強を、震源に近い小笠原村だけでなく、神奈川県の二宮でも記録した。震源の深さは観測史上最も深い六八二キロメートルであった。埼玉県の鴻巣《こうのす》市、春日部《かすかべ》市、宮代町《みやしろまち》でも震度5弱で、東京都心も震度4であった。東京都心には高層ビルが林立しており、震源が遠くても、揺れ方によってはエレベーターが停止するなど二次災害の危険がある。

【図44】は、二〇一八年一月から一二月初めまでの、東京都に設置されている主な電子基準点の高さ方向の変動を示している。東京二三区内には国土地理院の電子基準点が千代田区、世田谷区、練馬区、足立区にあるが、高層ビルや樹木の影響が少ない信頼度の高い基準点は練馬区のみなので、練馬区を陸域の代表に選んである。さらに伊豆諸島の大島、三宅島、式根島、御蔵島《みくらじま》、神津島《こうづしま》、八丈島、小笠原諸島の父島を選んだ。神津島と式根島は沈降しているのに対し、近い距離にある三宅島、大島、御蔵島、八丈島、都区内の練馬および小笠原諸島の父島は隆起している。ここから、伊豆諸島近海にひずみが溜まっていると解釈できる。

【図45】は、二〇一八年一一月二五日〜一二月一日における南関東の隆起・沈降図である。過去六カ月に五センチ以上の高さ変動があった点が、伊豆半島および伊豆諸島に多数見られる。また、静岡県の御前崎周辺が沈降を示しており、沈降エリアにある静岡市清水区には北方向の水平異常が見られる。また、千葉県房総半島の中央部に帯状の沈降エリアが見られる。前にも述べたが、沈降エリアは地震発生の可能性が高いエリアであることに留意しなければならない。

図45　南関東の隆起・沈降図
（2018年11月25日〜12月1日）

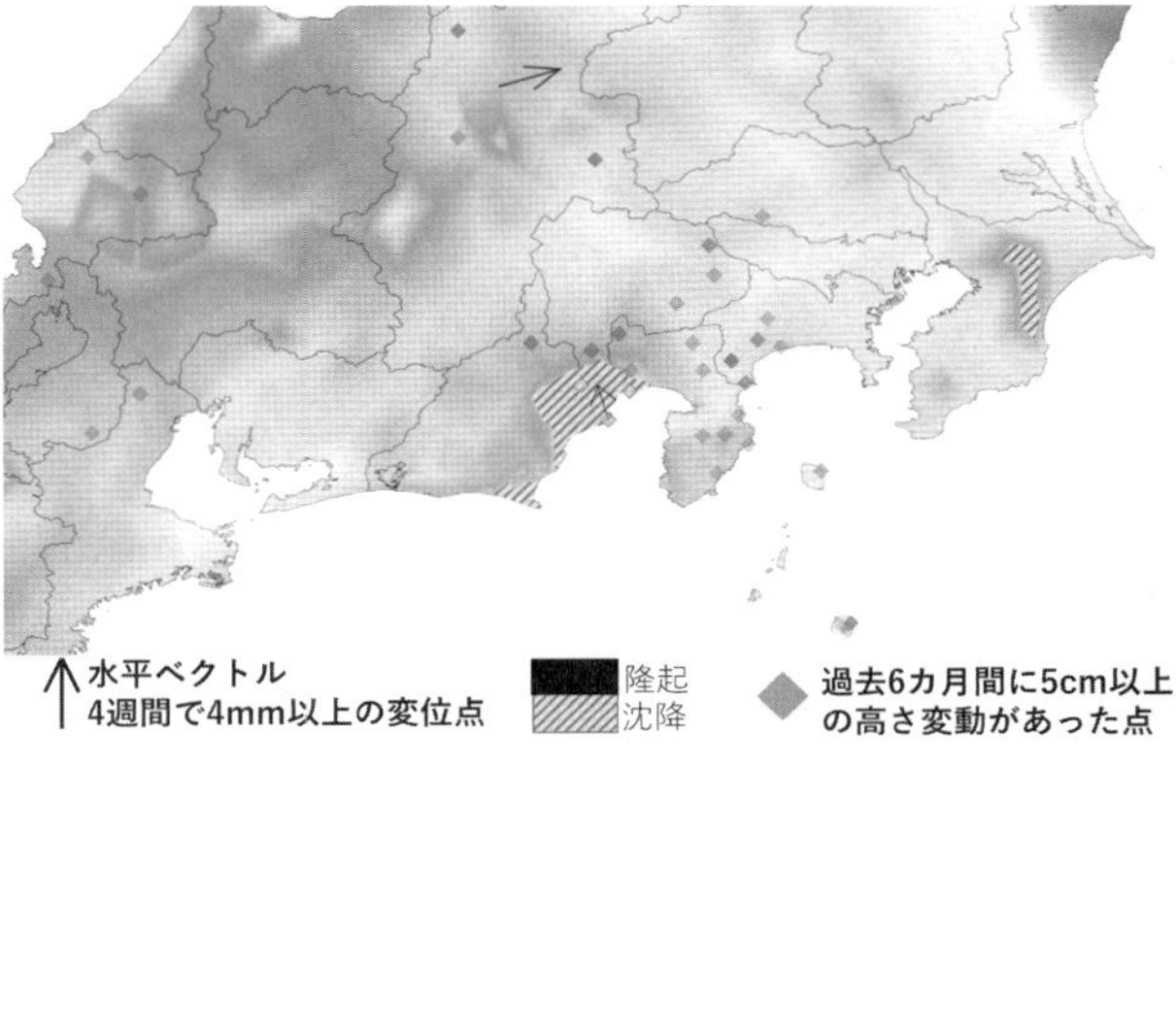

図46　南関東のミニプレート拡大図

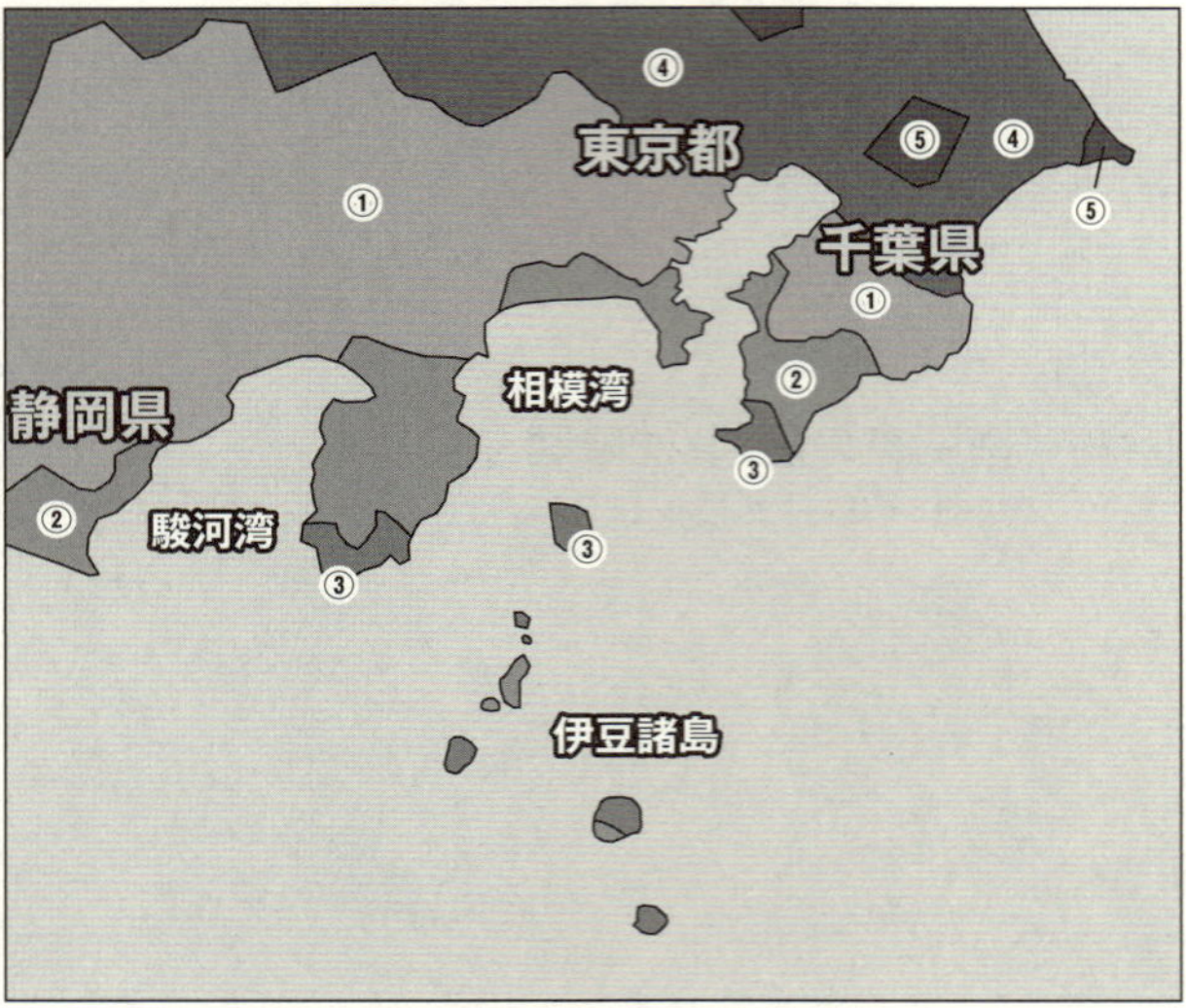

さらに、南関東のミニプレートを拡大したのが【図46】である。南関東はミニプレート①、②、③、④、⑤で構成されている。ミニプレート①は静岡県北部、山梨県、東京都、神奈川県北部、千葉県中央部を占める。富士山はこのミニプレートに含まれる。ミニプレート②は静岡県南部、南端を除く伊豆半島、神奈川県南部、千葉県南部の一部を占める。ミニプレート③は伊豆半島南端、新島、式根島、三宅島南部（以上の三島はミニプレート②に含まれる）を除く伊豆諸島、房総半島南端を占め

る。ミニプレート④は埼玉県、成田および銚子周辺を除く千葉県北部、茨城県南部を占める。ミニプレート⑤は茨城県北部、千葉県の成田および銚子周辺を占める。

これらのミニプレートの境界を警戒すべきである。駿河湾《するがわん》沿い、相模湾沿い、房総半島沖は、互いにミニプレートの境界が接するので「要警戒」エリアと言える。伊豆諸島近海も十分注意する必要がある。

■北信越・中部

一二六ページの【図47】は、北信越のミニプレートの拡大図である。北信越は、ミニプレート①、④、⑤、⑥、⑦で構成されている。

この図には、北信越で起きた既往の大きな地震の震源位置がマークされている。

二一世紀に入ってからは、二〇〇四年一〇月二三日に起きた新潟県中越地震（M6・8、最大震度7）が最も被害が大きい地震であった。旧山古志村（現・長岡市）では至る所で崩落が起き、全村避難を余儀なくされた。また、上越新幹線で脱線事故が起き、在来線も

図47　北信越のミニプレート図と既往大地震

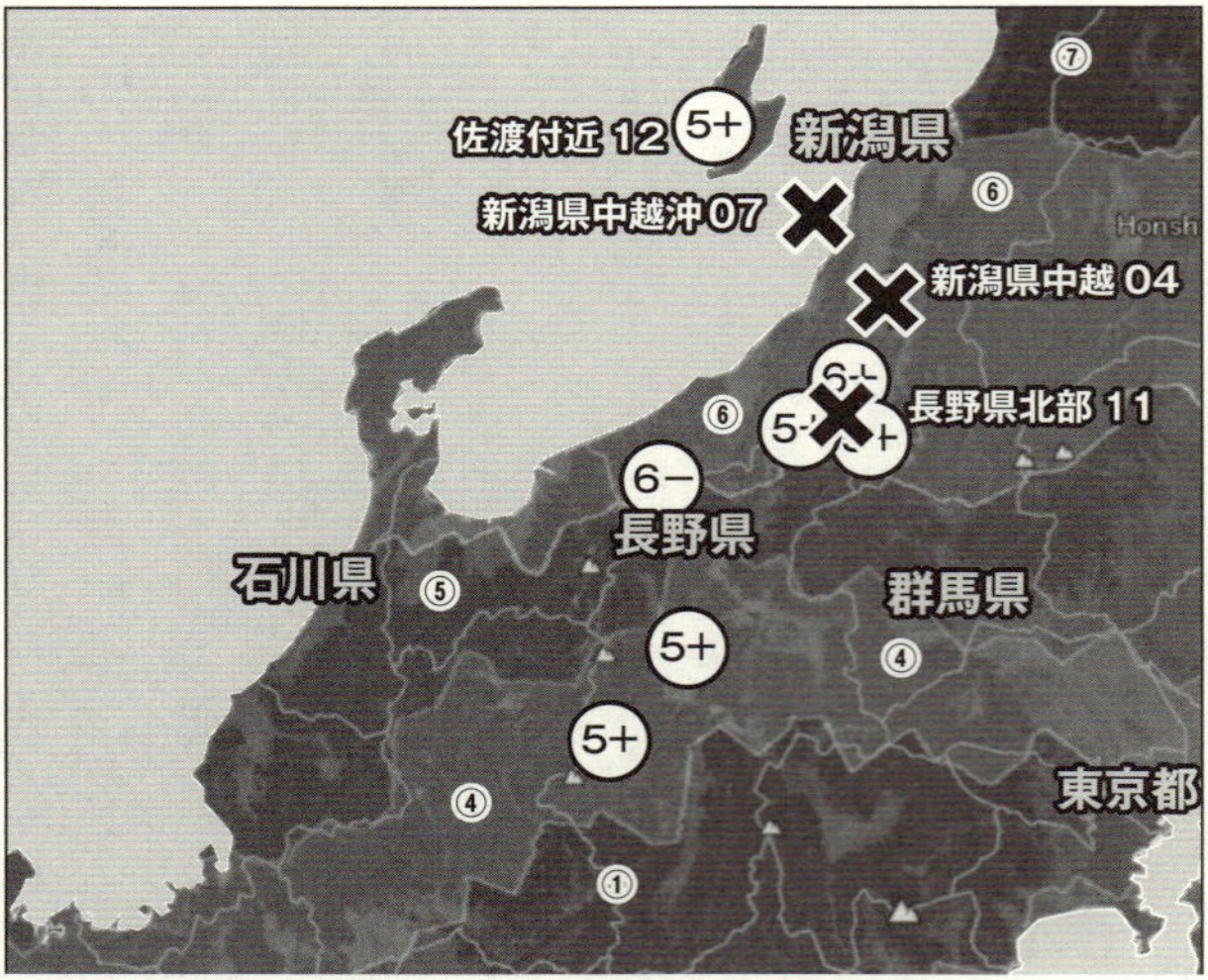

東日本大震災以降の地震

震度５強 (5+)

震度６弱 (6−)

震度６強 (6+)

路盤の崩壊など甚大な被害を受けた。次に、二〇〇七年七月一六日に起きた新潟県中越沖地震（M6・8、最大震度6強）が続く。この地震では東京電力柏崎刈羽《かしわざきかりわ》原子力発電所が火災を起こして、少量の放射能漏れがあった。さらに、二〇一一年三月一一日の東日本大震災の誘発地震と思われる大地震（M6・7、最大震度6強）が、翌日の三月一二日に長野県北部で起き、新潟県との県境にある栄村に大きな被害が出た。

東日本大震災以降、二〇一八年までに北信越で起きた震度5強以上の大きな地震は七回ある。その震源を【図47】にプロットすると、いずれもミニプレート④、⑤、⑥で起きていることが分かる。どれも震源の深さは一五キロメートル以下と浅い。内陸で起きた地震は二〇一二年二月八日に起きた佐渡付近地震（M5・7、最大震度5強）を除いて六回であるが、そのうち四回はミニプレート⑤と⑥の境界で起きている。長野県中部と南部で起きた二回の地震はミニプレート④の中央で起きている。

次に、二〇一八年一二月二二日時点で、速報解データに高さ方向四センチを超える異常変動があった七つの電子基準点を一二九ページの【図48】に示す。既往の大きな地震の震源位置とミニプレートも図示されている。異常変動はミニプレート④、⑤、⑥で起きている。二〇一四年一一月二二日に起きた長野県北部地震（M6・7、最大震度6弱）と、二〇一八年五月二五日に起きた長野県北部地震（M5・2、最大震度5強）の震源は、共にミニプレート⑤と⑥の境界付近だった。ひずみが溜まりやすい場所と言える。したがって、新潟県および長野県は「要警戒」エリアであると言える。

また、二〇一八年に高さ方向で不安定な変動をした代表的な電子基準点のグラフを【図49】に示す。「長野栄」および「白馬」は過去の大地震の震源近くであり、大きな揺れに見舞われた基準点である。「長野栄」は二〇一一年三月一二日の地震から八年近く経過しても、いまだに不安定な変動をしている。「白馬」も、かなり乱高下していることが分かる。全体的に上下動を繰り返しながら次第に隆起している様子が読み取れ、経験則から予測すると、この隆起傾向が沈降傾向に反転するとき、地震が発生する可能性が高い。今後も、注意深く監視する必要がある。

図48　北信越の4cm超の高さ異常変動点
(2018年12月22日)

図49　北信越で2018年に不安定な変動をした点

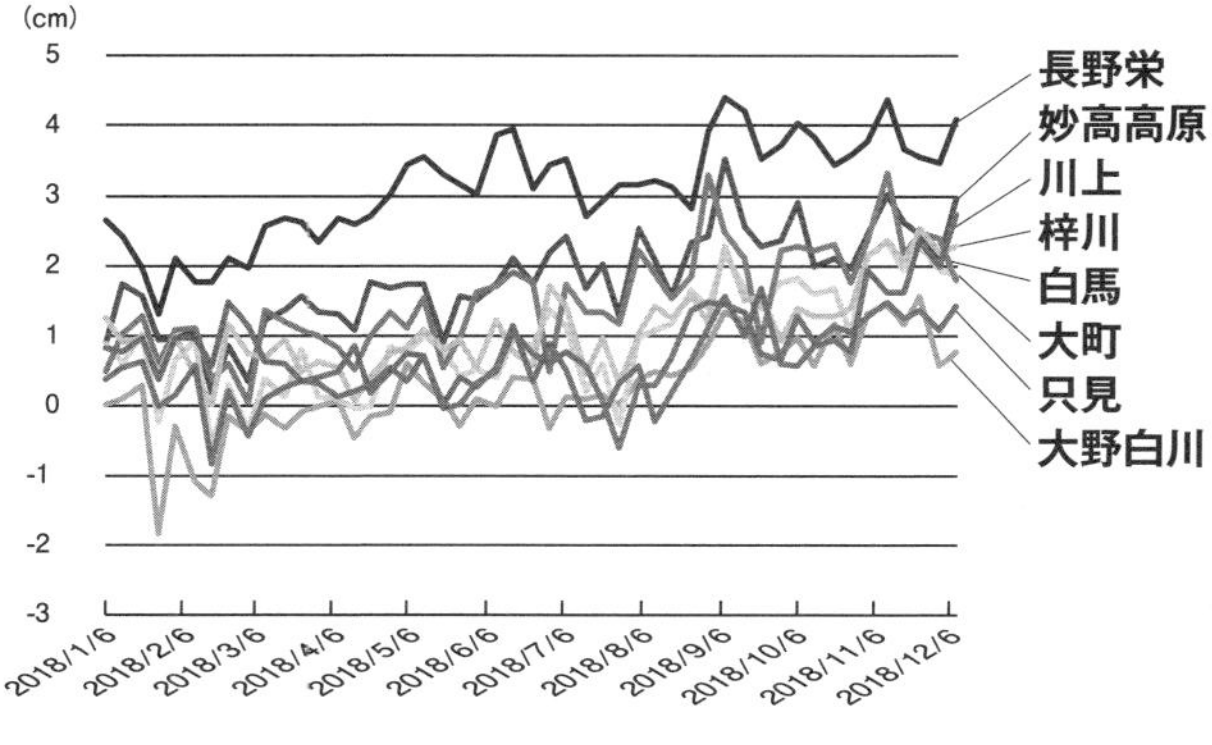

■近畿

二〇一八年六月一八日に起きた大阪府北部地震（M6・1、最大震度6弱）は想定外の地震であった。震源の深さが一三キロメートルと浅かったために揺れが激しく、ブロック塀が倒れて小学生の女の子が亡くなった悲惨な事故は記憶に新しい。

東日本大震災以降、近畿地方では、最大震度5弱以上の大きな地震はあまり起きていない。二〇一一年七月五日に起きた和歌山県北部地震（M5・5、最大震度5強）、および二〇一三年四月一三日に起きた淡路島付近地震（M6・3、最大震度6弱）の二回の地震と、前記の大阪府北部地震の三回にすぎない。

【図50】は、ミニプレートと、最近の最大震度5弱以上の三回の地震の位置を示したものである。近畿地方はミニプレート①、②、③、④、⑤で構成されており、大阪府北部地震はミニプレート①と④の境界で起きている。和歌山県北部地震はミニプレート①と②の境界近くで起きている。一方、淡路島付近地震はミニプレート①と④の境界からやや離れて

図50　近畿地方のミニプレートと最近の最大震度5弱以上の地震

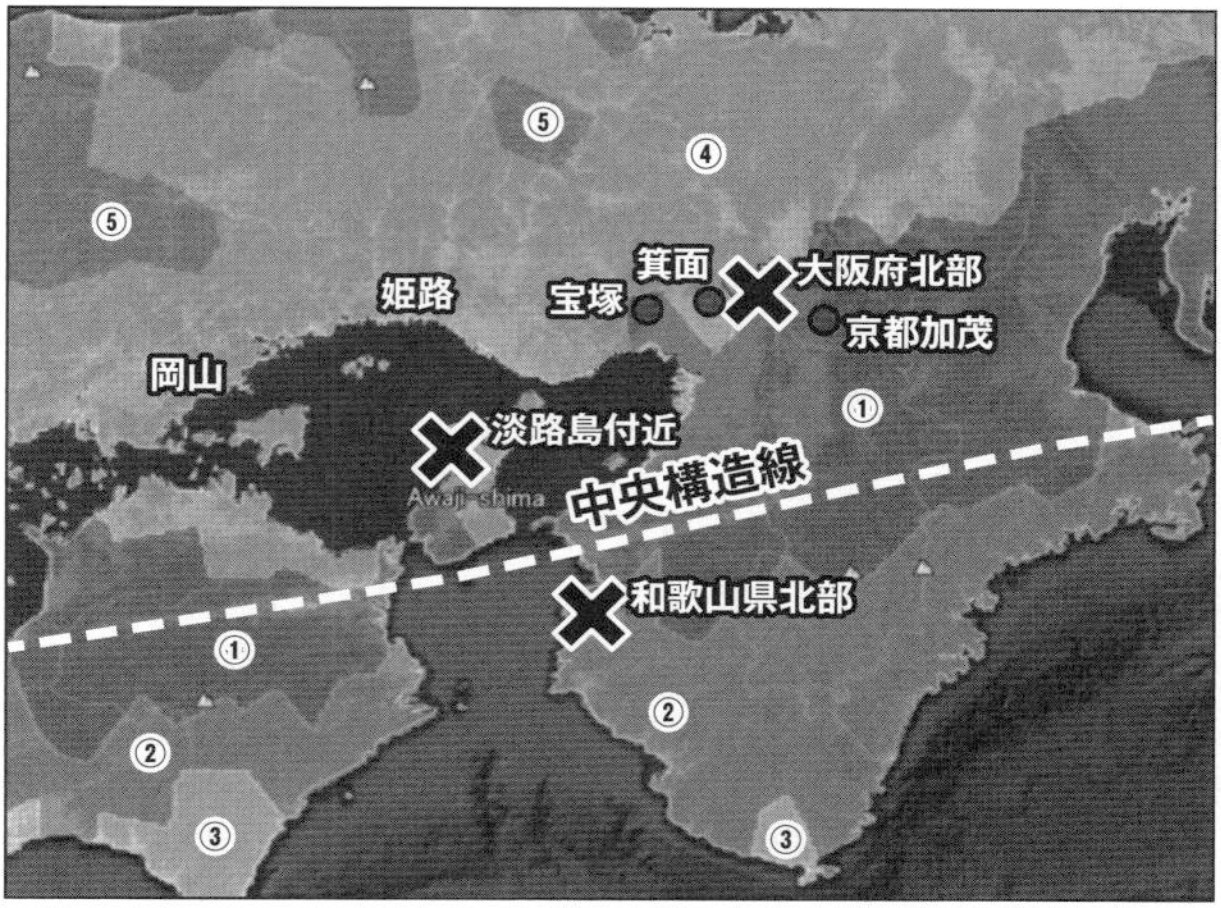

いるが、そう遠くないところで起きている。

周知のように、四国から紀伊半島を東西に貫くようにして、日本最大の断層とされている中央構造線が走っている。第三章で、「線」の断層より、「塊」のミニプレートのほうが地震の発生に強く関係していると述べたが、近畿地方の数少ない事例においても、ミニプレートのほうが地震との関係が深いことを理解できるであろう。

なお、大阪府北部地震が起きた六月一八日に、五月二七日から六月二日までの国土地理院最終解データが公開されたため、そのデータを「MEGA地震予測」に役立てることができなかった。この週に、四センチを超える週間高さ変動が大阪府の「箕面《みのお》」、京都府の「京都加茂」、および、兵庫県の「宝塚」の三つの電子基準点に出ており、地震の前兆と考えられた。【図50】の中にこれらの三点の位置をプロットすると、震源の近くに異常が出ていただけでなく、ミニプレート①と④の境界周辺に分布していたことが分かる。

次に、二〇一八年一一月から一二月末までに起きた最大震度3以上の地震の分布を、【図51】で見てみよう。一一月二日と五日に紀伊水道地震(二日はM5・4、最大震度4、五日はM4・6、最大震度3)、一一月三日に和歌山県南部地震(M4・0、最大震度3)が起きた。最大震度2と小さいが、一一月一〇日には三重県中部地震(M3・2)が起きている。これら小地震の震源の位置を見ると、ミニプレート①と②付近に分布する。大阪府北部地震はミニプレート①と④の境界で起きたが、それ以降はミニプレート①と②が動いてひずみが溜まっていると解釈できる。

図51　2018年11月〜12月末に近畿地方で起きた主な地震の分布

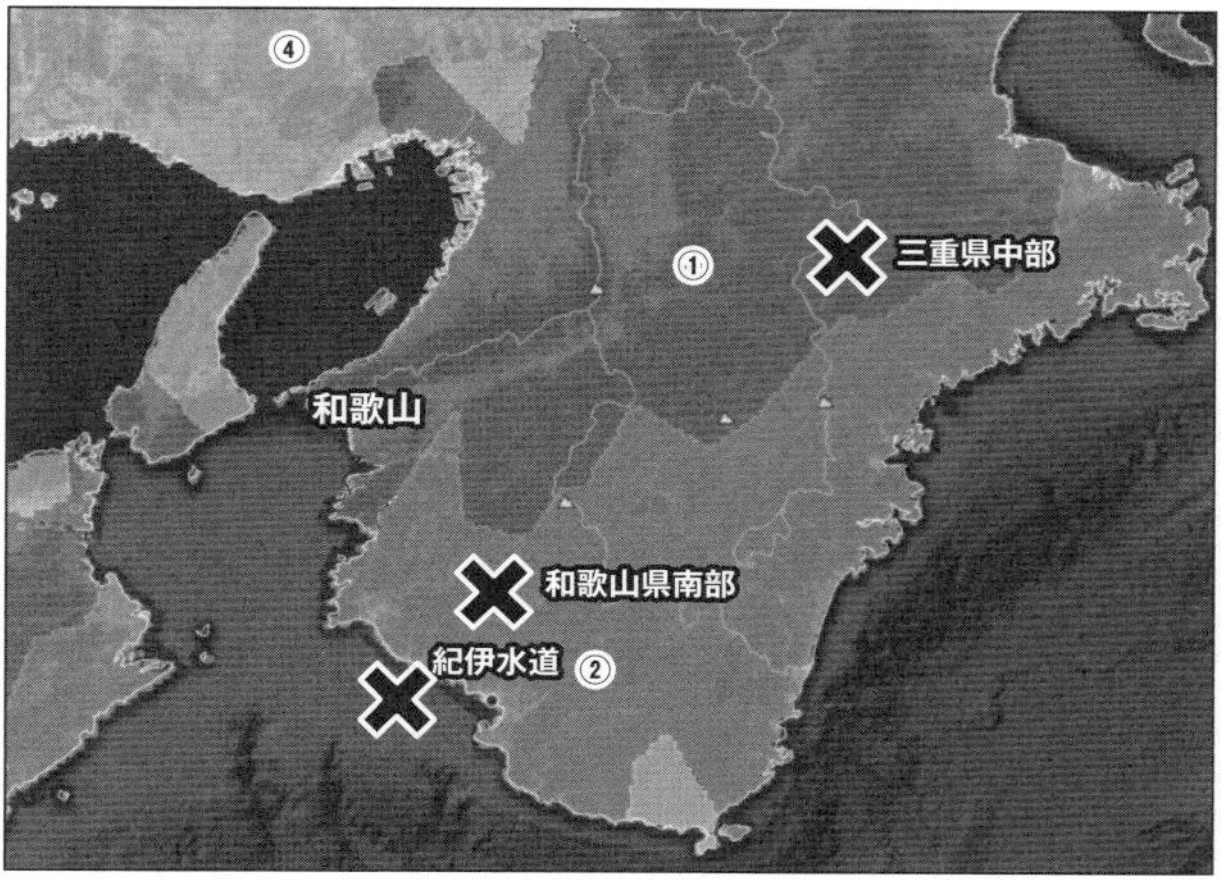

水平方向の変動は、二〇一八年七月二九日からの週に大きな動きがあった。一三四ページの【図52】に示すように、紀伊半島南部および四国が、一斉に、西北西または北西に異常変動をしたのである。同年一一月二八日からの週にも同じような水平変動があった。

九一ページの【図31】に示した動的なミニプレート図を再度見てほしい。ミニプレート③以外の日本列島は南東に動いている。ミニプレート③のみが逆方向の北西に動いているのだが、動きの量はごく弱く、日本列島の南東方向に負けていた。ところが、ここへき

図52　近畿地方の水平変動（2018年7月29日～8月4日）

て、ミニプレート③が大きく動き出したのである。ここでも、東日本大震災以来優勢だった南東方向への変動バランスが崩れてきたことが分かる。したがって、南海・東南海は「要警戒」レベルであると言える。

次に、ミニプレート③が北西に変動し、他のミニプレートは南東に変動している様相を近畿地方のデータで示す。

前著『地震は必ず予測できる!』で、地球中心座標系の「X軸がプラスなら、北西成分と沈降成分がある」「マイナスなら、南東成分と隆起成分がある」ことを示した。実際の水平方向の成分はXだけでなく、X、Y、Z全ての成分の合成で決まるが、ここでは理解を容易にするため、近畿地方の各ミニプレートを南北方向に縦断するように選び、二〇一八年のX軸の変動をグラフで示そう。

一三六ページの【図53】は、選んだ電子基準点の位置と名称、およびミニプレートを示す。紀伊半島南端の潮岬にある和歌山県の「串本」(ミニプレート③)、「古座川」(ミニプレート②だが③との境界)、「和歌山美山」(ミニプレート②)、「和歌山清水A」(ミニプレ

図53　近畿地方のミニプレートを代表する基準点

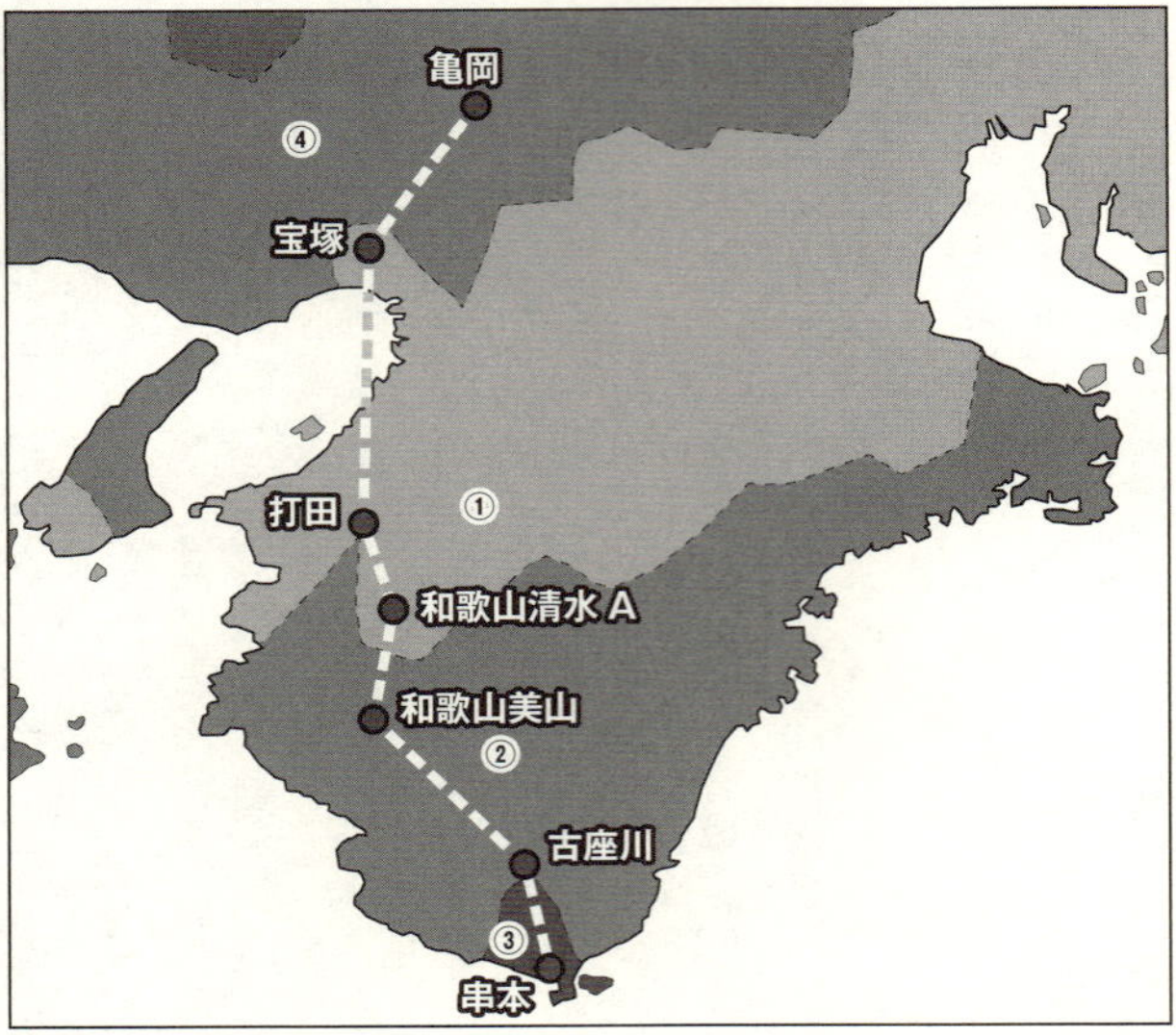

図54　近畿地方のXの値の変動(2018年)

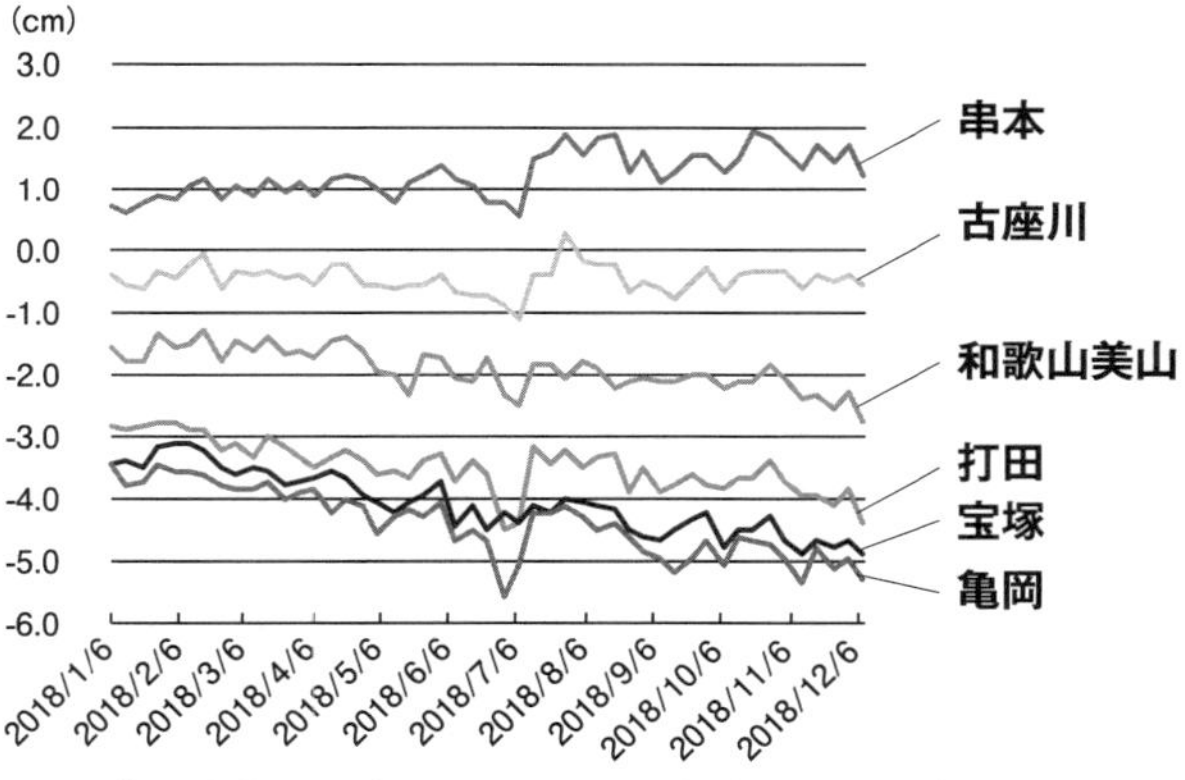

注：和歌山清水 A は打田とほぼ同じ変動なので省略

ート①）、「打田」（ミニプレート①）、兵庫県の「宝塚」（ミニプレート①）、京都府の「亀岡」（ミニプレート④）の七点を選んだ。分かりやすくするため、図中では点線で結んでいる。

一三七ページの【図54】は、これらの基準点における二〇一八年のX軸の値の変動を示す。縦軸の値は二〇一六年一月を基点とした相対的な変動値であり、単位はセンチメートルである。Xの変動を見ると、ミニプレート③にある「串本」は唯一プラスの値であり、北西成分であることが分かる。「古座川」はミニプレート③と②との境界であるためマイナスだが、値は小さい。北に向かうほどマイナスの値は大きくなる。すなわち、北に向かうほど南東成分が大きいことを示す。

一方、高さ方向については、一年間の短期でなく、二〇一〇年一月から二〇一七年一二月までの八年間の長期変動で見るほうが、ミニプレートとの関わりが明瞭に見える。

【図55】は、和歌山県にある「串本」（ミニプレート③）、「古座川」と「和歌山美山」（いずれもミニプレート②）、「和歌山清水A」と「打田」（いずれもミニプレート①）の五点の、八年間の長期変動のグラフを示す。ミニプレート③にある「串本」は二〇一二年一二

図55　和歌山県の8年間の高さ方向の変動
（2010年〜2017年）

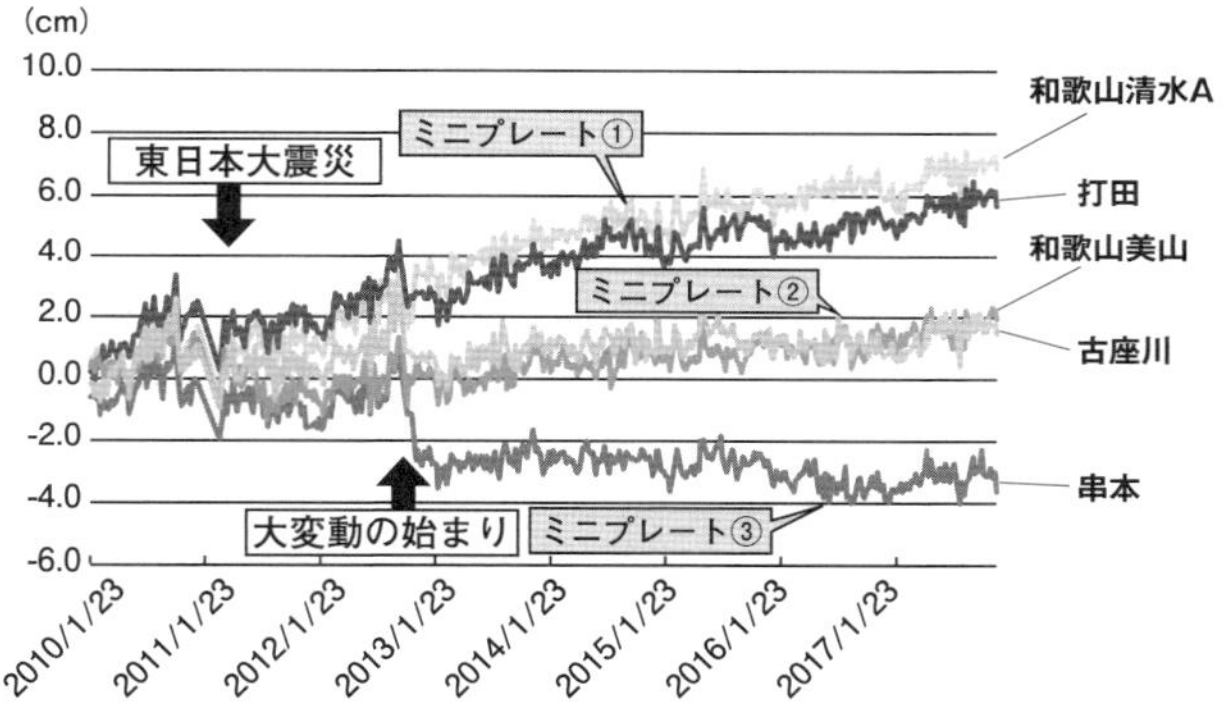

月ごろから大きなマイナスの領域を保っていて、ゆっくりした沈降傾向であることを表す。ミニプレート②に位置する「古座川」と「和歌山美山」は、二〇一二年一二月ごろからゆっくりした隆起傾向を示している。ミニプレート①にある「和歌山清水A」と「打田」は、二〇一二年一二月ごろから大きく隆起している。ここから、ミニプレート①、②、③はそれぞれ異なる動きをしていることが分かる。

近畿地方ではミニプレート①が激しく変動しているので、ミニプレート①との境界に一番ひずみが溜まると考えてよい。ミニプレート③の沈降が将来大きく進行するときは要警戒であろう。

■中国・四国

四国と言えば、新聞・テレビなどで「南海トラフ地震」がいまにも起きるかのように報道され、国民的な不安をあおっている。私に対しても「南海トラフはいつ起きるのか？」という質問が舞い込むことがある。

私の専門はリモートセンシングおよび測量工学であり、対象に関して時系列的に観測または測量を行ない、得られた変動データと地震発生の相関分析をすることにより地震予測を行なっている。

再三述べているように、震源の位置を予測するのではなく、どこがどのくらい揺れるのか、その場所と震度が対象である。海域に震源がある場合であっても陸域に異常変動が現れ、陸域が揺れる場合があることは周知のとおりだ。「南海トラフ」という震源を予測できなくても、陸域に異常変動が現れれば、揺れる場所の予測はできる。したがって、私は「南海トラフ地震」という言葉を使わず、南海地方が揺れる地震は普通に「南海地震」と呼ぶことにしている。

中国・四国地方で東日本大震災以降に起きた最大震度5弱以上の地震を振り返ってみよう。二〇一一年一一月二一日に起きた広島県北部地震（M5・4、最大震度5弱）、二〇一四年三月一四日に起きた伊予灘地震（M6・2、最大震度5強）、二〇一六年一〇月二一日に起きた鳥取県中部地震（M6・6、最大震度6弱）、二〇一八年四月九日に起きた島根県西部地震（M6・1、最大震度5強）と、中国・四国地方では、大きな地震がほぼ二年ごとに起きている。

一四二ページの【図56】に示すように、中国地方で起きた広島県北部地震、鳥取県中部地震および島根県西部地震は、それぞれミニプレート④、⑤、⑤で起きている。震源はミニプレート境界ではない。伊予灘地震の震源は海域であるが、ミニプレート①と④の境界であると解釈できる。中国地方の地震と四国の地震とは、変動するミニプレートが異なると言えそうである。

島根県西部地震以降、中国・四国地方で起きた高さ方向の異常はそれほど多くはない。

図56　中国・四国地方で2011年以降に起きた
最大震度5弱以上の地震とミニプレート

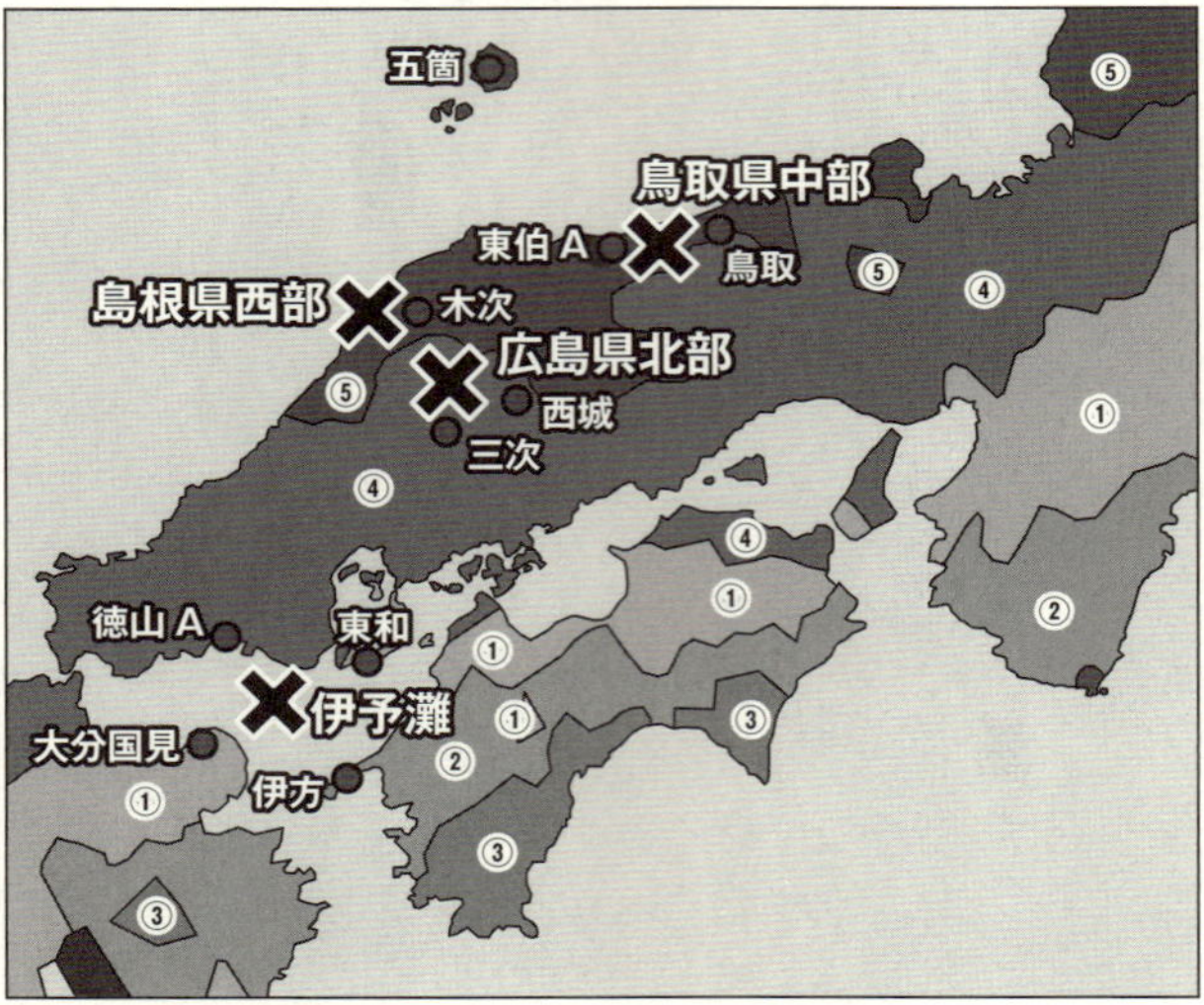

二〇一八年の七月初めと九月初めにあるのみである。

一方、水平方向の異常を見ると、七月初めは南東方向の水平変動が主流を占めるが、九月初めは北または北東方向の水平変動が多くを占める。最近になって、水平変動の動きが従来の方向と逆方向に変じる反転現象を表す場面が増えてきた。水平変動に関してはXの変動が重要なので、既往の地震の震源近辺にある代表的な電子基準点一〇点を選んでグラフに表示した。それが一四四ページの【図57】である。広島県北部地震については、「西城」と「三次」（いずれもミニプレート④）、鳥取県中部地震については「鳥取」と「東伯A」（それぞれミニプレート⑤と⑥）、島根県西部地震については隠岐《おき》の島にある「五箇」と「木次」（いずれもミニプレート⑤）、伊予灘地震については海域の震源を囲むように、「徳山A」（ミニプレート④）、「東和」（ミニプレート①）、「伊方」（ミニプレート②）、「大分国見」（ミニプレート①）の一〇点を選んだ（それぞれの位置は【図56】参照）。

【図57】で一番目に付くのが、鳥取県の「東伯A」（ミニプレート⑥）のXの値が最も小さく、二〇一六年一月から二〇一八年一二月までの三年間で一〇センチ強と、Xの値が最も低下していることである。鳥取県中部地震で大きく低下し、その低下傾向が続いている

図57　中国・四国地方のXの値の変動
（2016年1月を基点とした2018年）

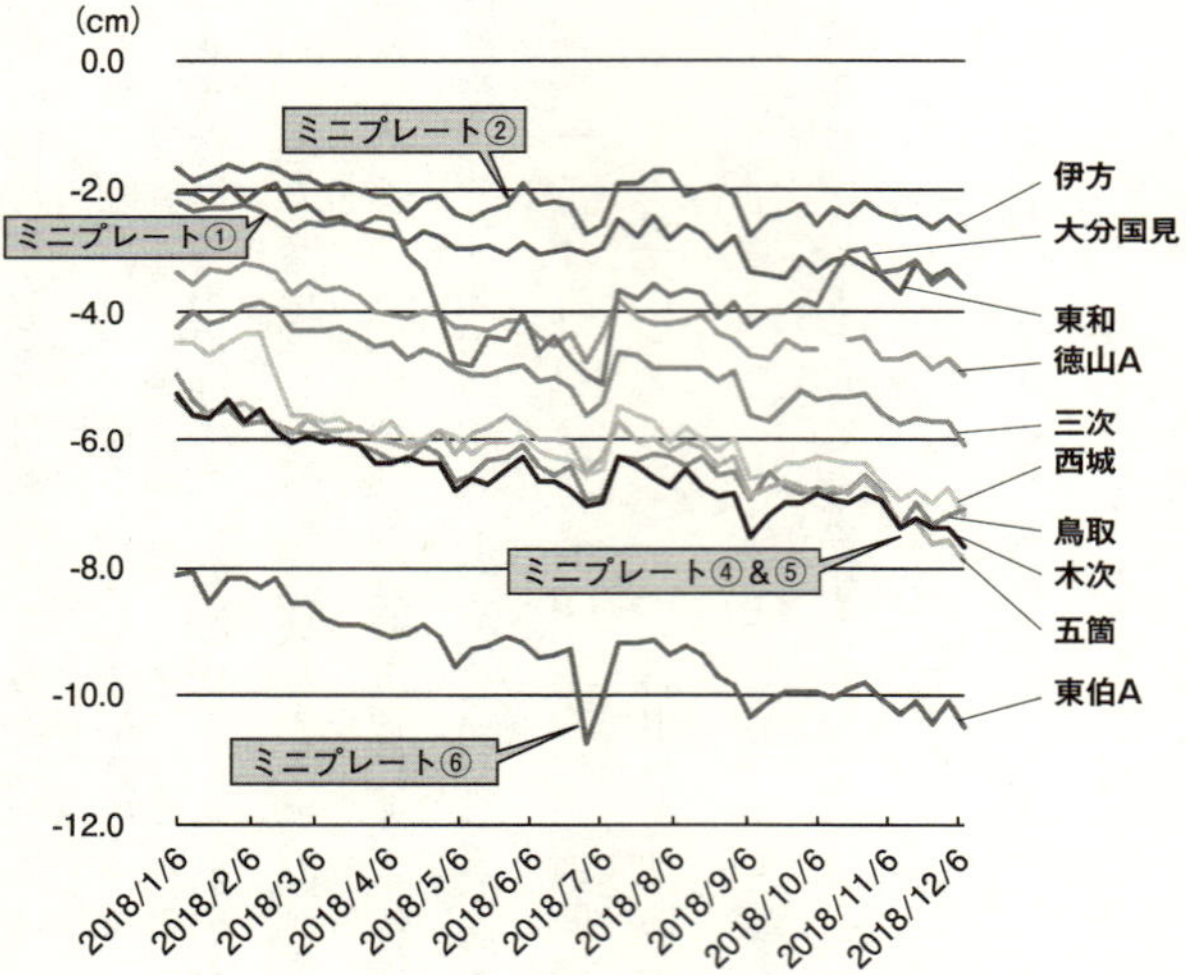

のである。「西城」、「三次」、「鳥取」、「五箇」、「木次」は一年間で約二センチ、Xの値が低下した。一方、愛媛県の「伊方」はXの値の低下が最も小さく、一年間で一センチである。

ミニプレート⑥が一番低下し、次に⑤、④、①と続き、ミニプレート②が一番低下は少ない。

以上を要約すると、高さ方向の異常は四国（特に東部）に多く、水平方向の異常は鳥取県および島根県に多いことになる。

地震はきわめて複雑な現象なの

図58　四国地方のミニプレートと代表点

で、高さ方向であっても水平方向であっても、異常が出たらいずれ地震となって現れる可能性が高いと判断することにしている。

また、四国の高さ方向の変動は、ミニプレートとの関連でその長期的な傾向を認識する必要がある。四国は、【図58】に示すように、北から④、①、②、③の四つのミニプレートで構成される。各ミニプレートに二点ないし三点ずつ代表する電子基準点を選んで、二〇一〇年一月から二〇一七年一二月までの八年間の高さ方向の変動を見ることにする。選んだ点は、ミニプレート④から香川県の「土庄《とのしょう》」と「引田《ひけた》」、ミニ

図59　四国地方の代表点の8年間の高さ方向の変動
（2010年〜2017年）

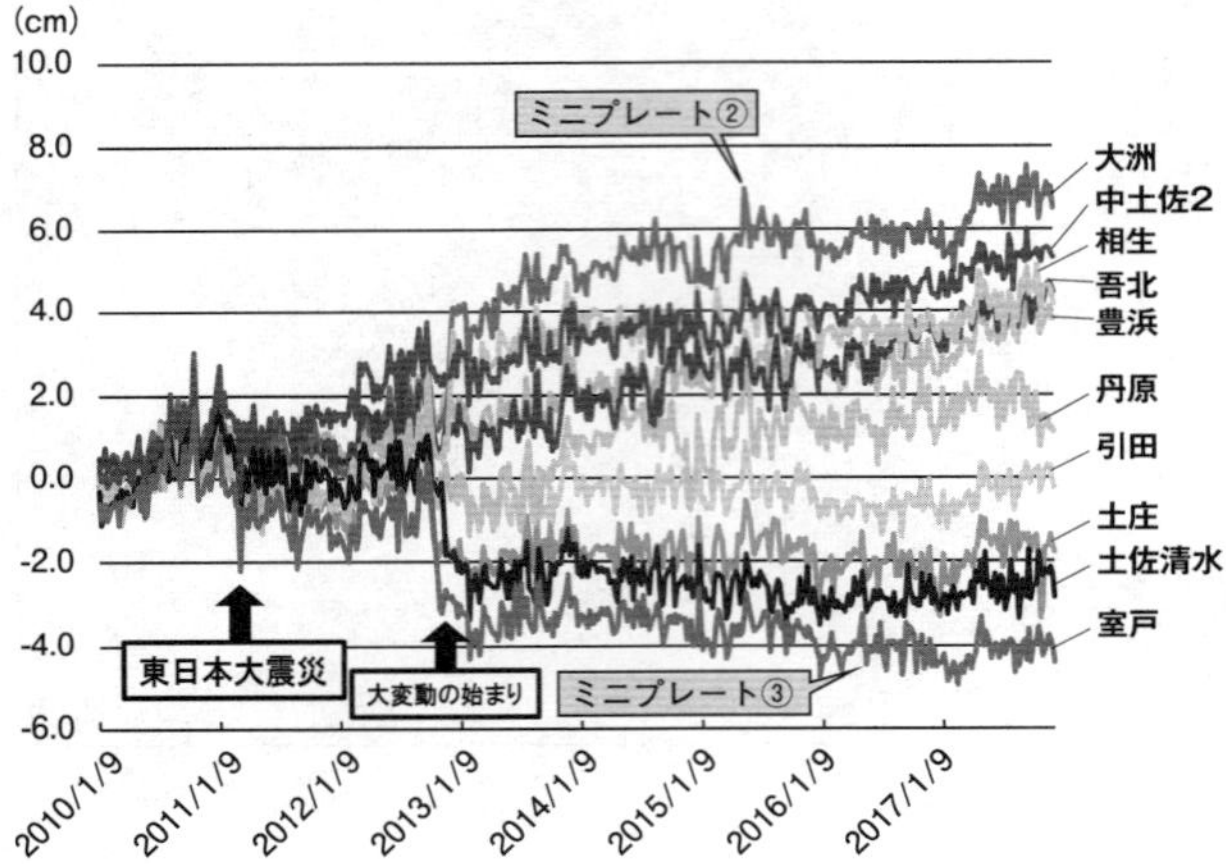

プレート①から愛媛県の「丹原」、香川県の「豊浜」、ミニプレート②から愛媛県の「大洲」、高知県の「吾北《ごほく》」、徳島県の「相生」、ミニプレート③から高知県の「土佐清水」、「中土佐2」、「室戸」の合計一〇点である。

【図59】は、上記一〇点の八年間の高さ方向の変動を示したものである。特殊な変動を先に説明しよう。ミニプレート③にある高知県室戸岬の「室戸」と、足摺岬にある「土佐清水」はグラフの一番下、すなわち二センチから四センチ沈降している。一方、同じミニプレート③にある高知県中央部の「中土佐2」は上から二番目にあり、約五センチと大きく隆起している。ミニプレート③の両端が沈降しているのに対し、中央部は隆起しているのである。その高さ変動の差は一〇センチ近くある。

また、ミニプレート②に位置する愛媛県の「大洲」は、グラフの一番上、すなわち一番隆起している。同じミニプレート②に位置する「吾北」および「相生」もかなり大きく隆起している。一番沈降している「室戸」と一番隆起している「大洲」の高さ変動の差は、八年間で約一一センチまで拡大している。ミニプレート④に位置する「引田」と「土庄」はほぼ横ばい、または約二センチ沈降している程度で、あまり変動していないと言える。ミニプレート①の「丹原」はやや隆起している程度であり、「豊浜」は二〇一〇年から約四センチ隆起している。要約すると、四国ではミニプレート②が最大の隆起変動をしている。そして、ミニプレート③の変則的な変動を考慮に入れる必要がある。ミニプレート②と③の境界は「要警戒」として扱うべきである。

■九州

地球は刻々と動いている。大きな地震が起きた後は、地球の様相は全く異なる変化を見せる。二〇一六年に起きた最大震度7の熊本地震の前後では、九州の様相は全く異なっている。

東日本大震災以降に九州で起きた最大震度5弱以上の地震を振り返ってみよう。二〇一一年一〇月五日に熊本県熊本地方地震（M4・5、最大震度5強）、二〇一五年七月一三日に大分県南部地震（M5・7、最大震度5強）、二〇一六年四月一四日に熊本地震の前震（M6・5、最大震度7）、四月一六日に本震（M7・3、最大震度7）、二〇一六年四月二九日に大分県中部地震（M4・5、最大震度5強）、二〇一七年六月二〇日に豊後水道地震（M5・0、最大震度5強）、二〇一七年七月二日に熊本県阿蘇地方地震（M4・5、最大震度5弱）、二〇一七年七月一一日に鹿児島湾地震（M5・3、最大震度5強）、二〇一九年一月三日に熊本県熊本地方地震（M5・1、最大震度6弱）、二〇一九年一月

二六日に熊本県熊本地方地震（M４・３、最大震度５弱）と、九回（熊本地震の余震を除く）起きている。

今後の九州の動きを予測する上でも、大地震だった熊本地震の本震の変動を振り返っておくべきであろう。八四〜八五ページの【図29】に示したミニプレート図は、熊本地震が起きた二〇一六年の週平均データを使用して作成したものであり、熊本地震の大変動が反映されている。

九州のミニプレートを一五〇ページの【図60】に示す。前記の最大震度５弱以上の既往の地震の分布も一緒に★で示す。

九州はミニプレート①、②、③、④、⑤、⑥、⑦で構成されている。大まかに言えば、福岡県および佐賀県を中心とした九州北部はミニプレート④、大分県を含む九州東部はミニプレート①と②、宮崎県および鹿児島県を含む九州南部はミニプレート④と⑤、長崎県を含む九州西部はミニプレート⑤と⑥で構成されている。熊本地震が起きた熊本地方は地震の変動の影響を受けて、ミニプレート①、②、③、④、⑤、⑥、⑦が複雑に組み込まれている様相が分かる。

図60　九州地方のミニプレートと
最大震度5弱以上の既往地震分布

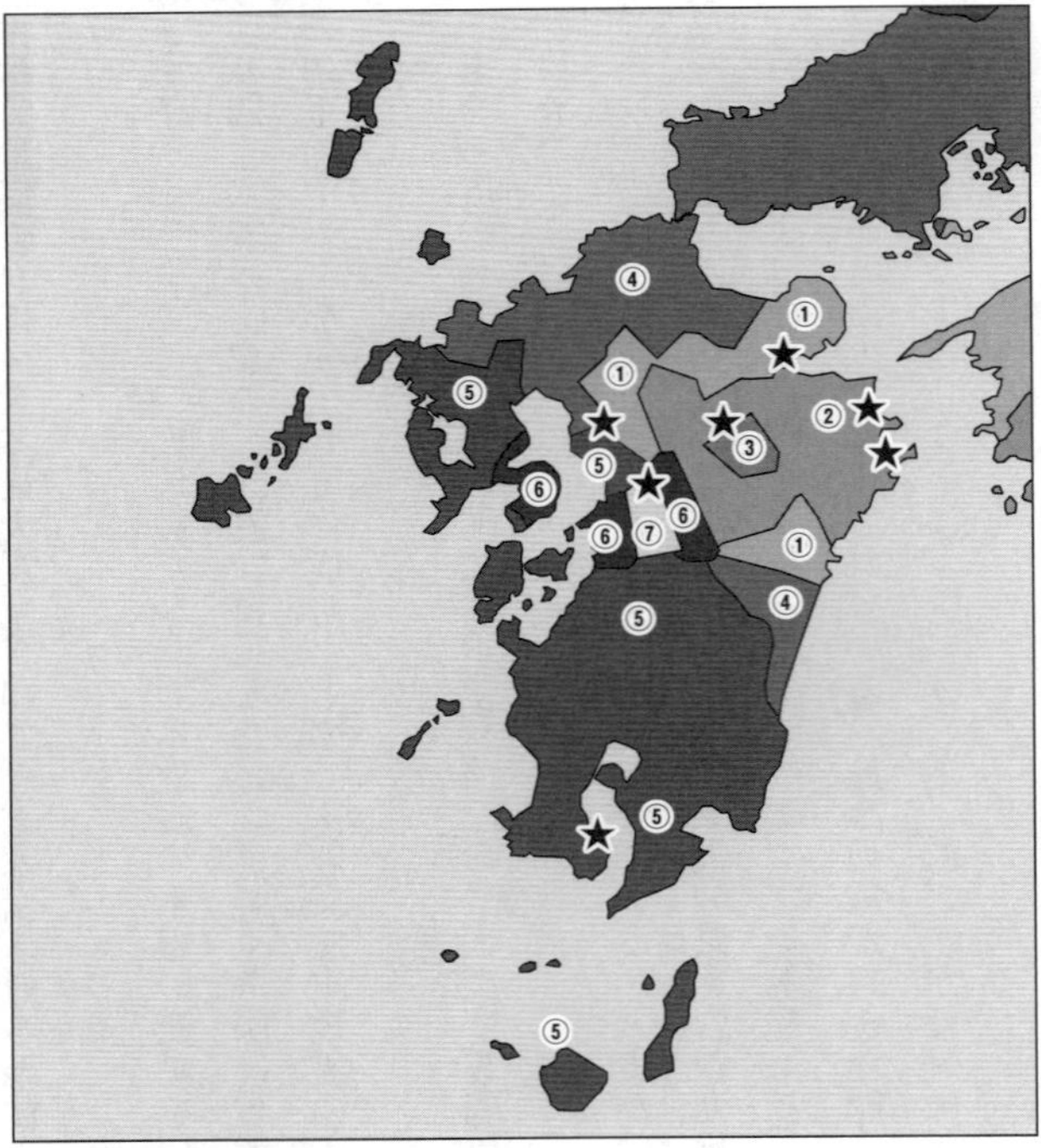

図61a　熊本地震の震度6弱以上の激甚地区

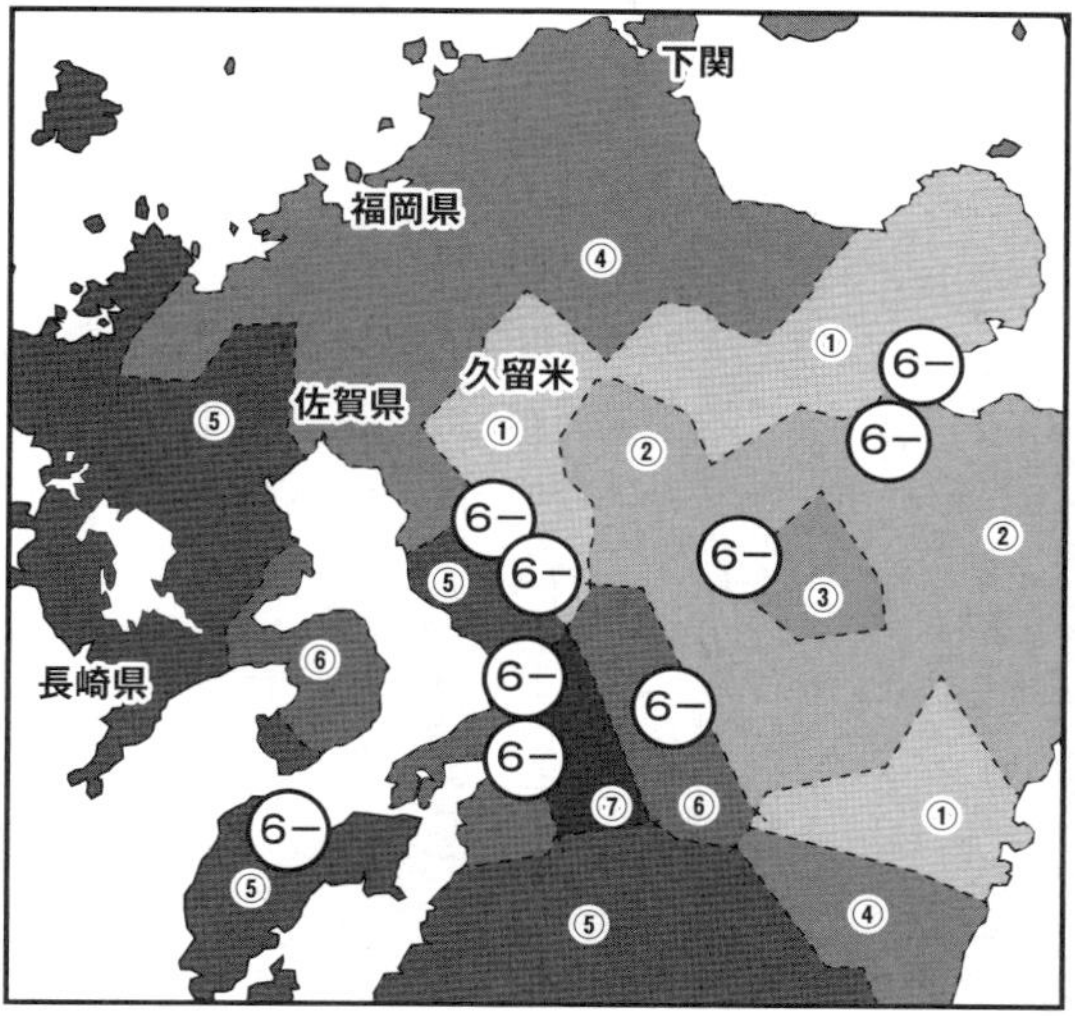

図61b　熊本地震の震度6弱以上の激甚地区・拡大図

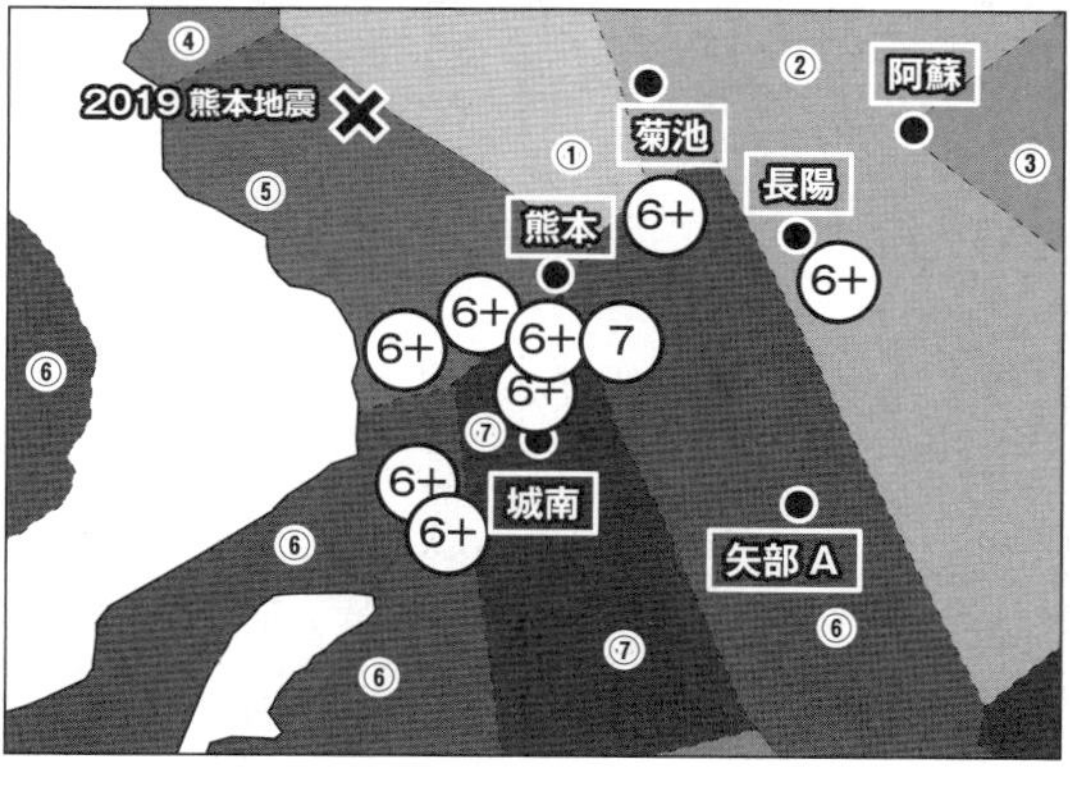

一五一ページの【図61ａ】および【図61ｂ】には、熊本地震で震度6弱以上の揺れを示した市町村の分布を示す。震度7は数字の7、震度6強は6+、震度6弱は6−である。

【図62】は、熊本地震が起きた後の二〇一六年四月一七日から四月二三日までの週平均値と約一カ月前の週平均との差から分析した、水平ベクトル図および隆起・沈降段彩図を示している。地震で一番動いたのは熊本市の東にある「長陽」の電子基準点で、南西方向に一〇三センチ動き、二五センチ隆起した。次に「熊本」の電子基準点が北東方向に七八センチ動き、一五センチ沈降した。【図61ｂ】および【図62】に示した電子基準点の位置は近距離でありながら、水平方向および高さ方向に全く別方向に変動したのだから、被害が甚大であったことが推測される。このように異常に乱れた変動は、他の地震では見られない熊本地震の大きな特徴であり、地震の被害の激甚地域は熊本市から阿蘇山を結ぶほぼ北東方向に向かう地域であったことが読み取れる。

一五四ページの【図63ａ】および【図63ｂ】は、東西成分と北南成分を表したものである。【図63ａ】の東西方向の変動を示す矢印が図中に描かれているが、東西方向では互いに押し合っていた。一方【図63ｂ】の北南方向の変動を示す矢印が図中に描かれているが、

図62　熊本地震の水平方向および高さ方向の変動

4月17日～4月23日の週平均値
と約1カ月前の週平均値の差

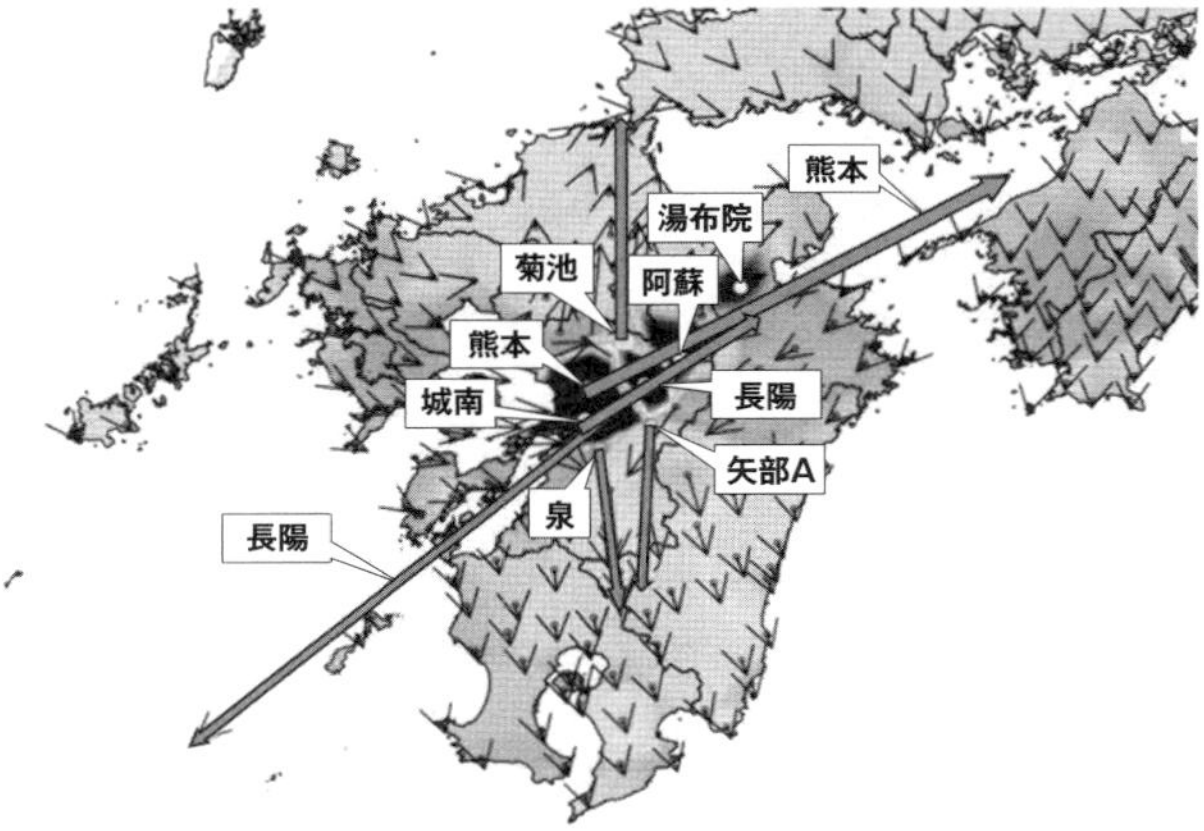

- 「城南」は20cm沈降、44cm北東に変位
- 「長陽」は25cm隆起、103cm南西に変位
- 「熊本」は15cm沈降、78cm北東に変位
- 「菊池」は6cm隆起、46cm北に変位
- 「矢部A」は1cm沈降、33cm南に変位

図63a　熊本地震の東西異常変動図

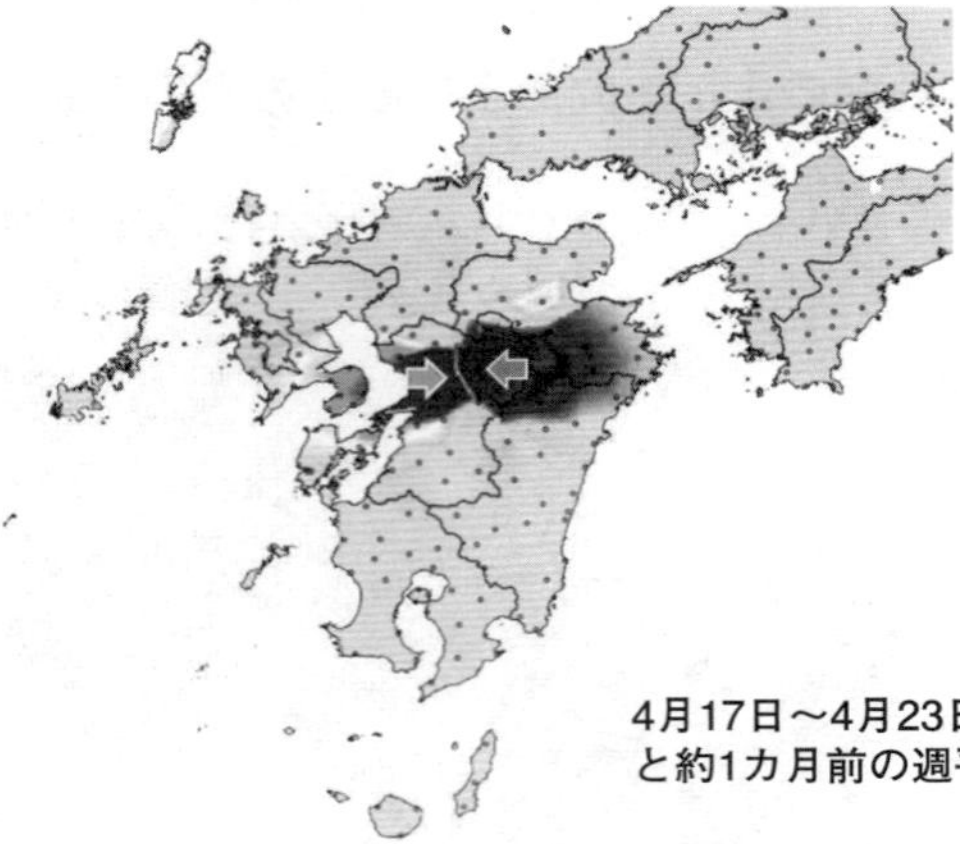

4月17日～4月23日の週平均値
と約1カ月前の週平均値の差

図63b　熊本地震の北南異常変動図

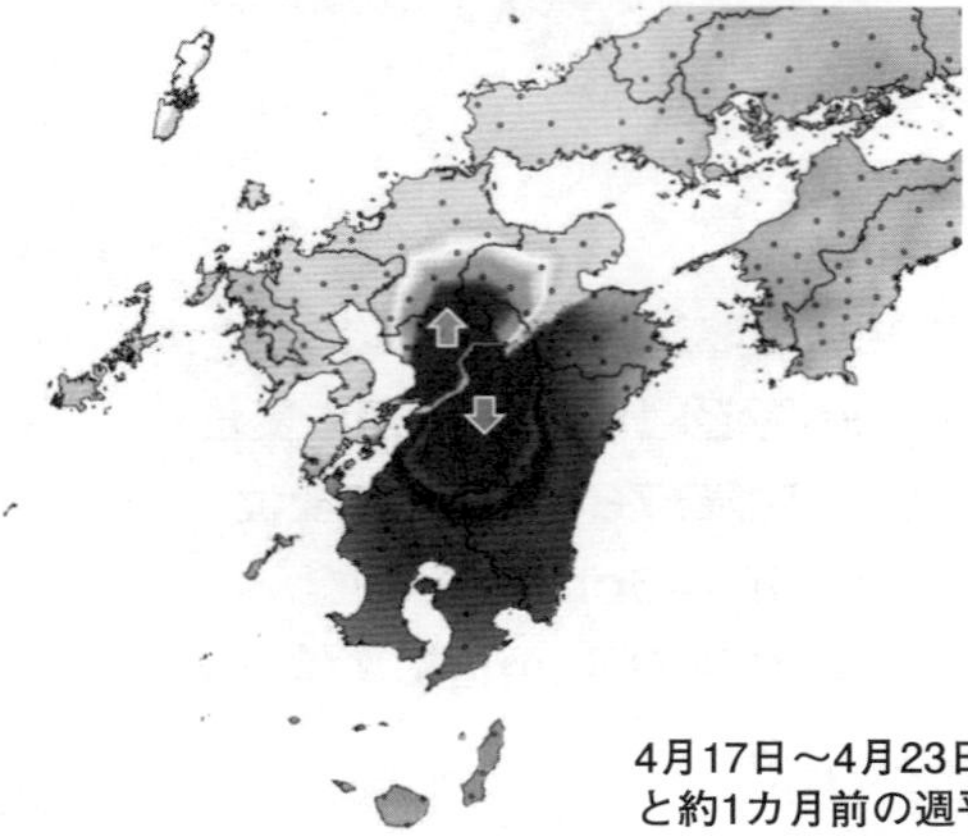

4月17日～4月23日の週平均値
と約1カ月前の週平均値の差

北南方向では互いに引っ張り合っていた。当然のことながら互いに押し合っていたり、引っ張り合っていた境界は被害が大きかった。現地調査では割れ目や段差が確認できた。

【図62】および【図63a・b】に示した熊本地震の変動分析結果と、【図60】および【図61a・b】のミニプレート図とを重ねて観察すると、次のように言える。

激甚地区以外では、九州北部のミニプレート④は北北東に動き、東部のミニプレート②および③は南西に動き、南部のミニプレート⑤は南南東に動き、西部のミニプレート⑥は東南東に動いた。激甚地区ではミニプレート⑥は南西方向に大きく動き、ミニプレート⑦は北東方向に大きく動いた。ミニプレート⑥と⑦の境界に震源があり、震源近くの益城町《ましきまち》で最大震度7が記録された。ミニプレート⑥と⑦が互いに押し合うようにずれて、その境界が破壊したと解釈できる。

九州がこれからどう動くかは、熊本地震の解析結果を踏まえ、最近の九州の異常変動を見て述べていきたい。

一五六ページの【図64】は、熊本地震で激しく変動した電子基準点六点の、二〇一〇年

図64　熊本地震で激しい変動があった電子基準点の8年間の高さ変動（2010年〜2017年）

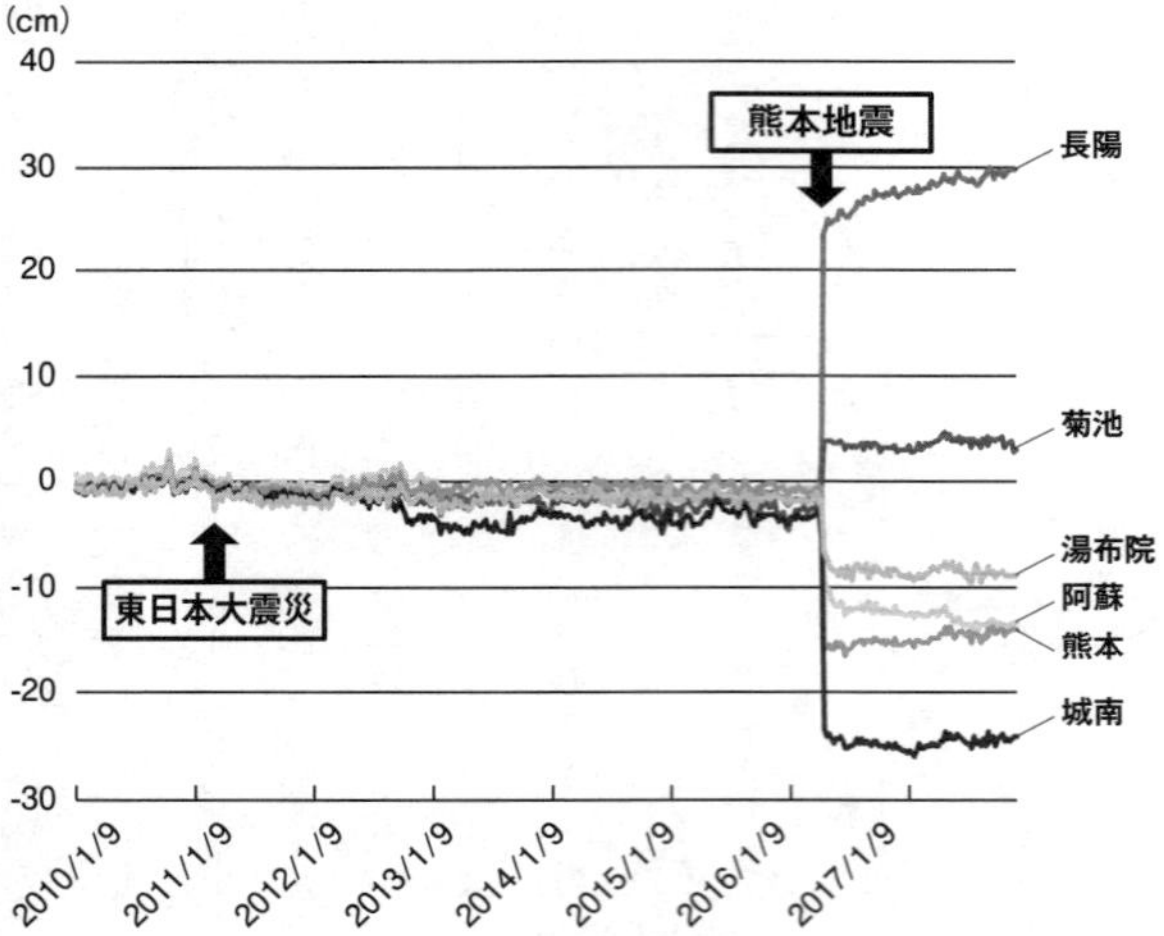

一月から二〇一七年一二月までの八年間の高さ変動をグラフにしたものである。二〇一六年四月に起きた熊本地震で「長陽」および「菊池」は隆起し、「城南」「熊本」「阿蘇」「湯布院」は沈降したことが分かる。熊本地震の後の変動を見ると、約二五センチ隆起した「長陽」はその後も大きく隆起を続けている。沈降した「阿蘇」はその後もやや沈降を続けている。

一五一ページの【図61b】を参照すると、ミニプレート②が隆起し、その他のミニプレートが沈降していることになる。熊本地震の後においても、まだ不安定な状態が続いているのだ。実際、二〇一九年一月三日に熊本県熊本地方で地震が起きた。二〇一六年の熊本地震の余震とは言えないまでも、その影響を強く受けていたと言える。二〇一九年の熊本県熊本地方地震の震源は【図61b】に示したが、ミニプレート①と④と⑤の境界の近くであった。

また、熊本地震直後の隆起・沈降を示した一五三ページの【図62】と、二〇一八年九月三〇日から一〇月六日の隆起・沈降を示した一五八ページの【図65】を比較すると、福岡県周辺が沈降（図中斜線部）していることに気付く。福岡県の沈降が進行する場合、沈降エリアと隆起エリアの境界周辺で地震が発生する可能性がある。

九州地方において直近で高さ方向に異常変動が現れたのは、この二〇一八年九月三〇日～一〇月六日の週のデータであった。【図65】に示すように、九州全域の多数点で四センチ超の高さ変動があった。九州北部と南部に分けて観察すると、北部はまだ熊本地震の影響が残っていて不安定な状態であり、南部は屋久島および種子島を含む鹿児島県が異常変動を表している。桜島周辺が異常を示しているが、これは火山活動の影響を考慮に入れる必要がある。屋久島に異常変動が出ると、西にある口永良部島《くちのえらぶじま》の火山で噴気や噴火など

図65　最近の九州地方の高さ方向の異常変動
(2018年9月30日～10月6日)

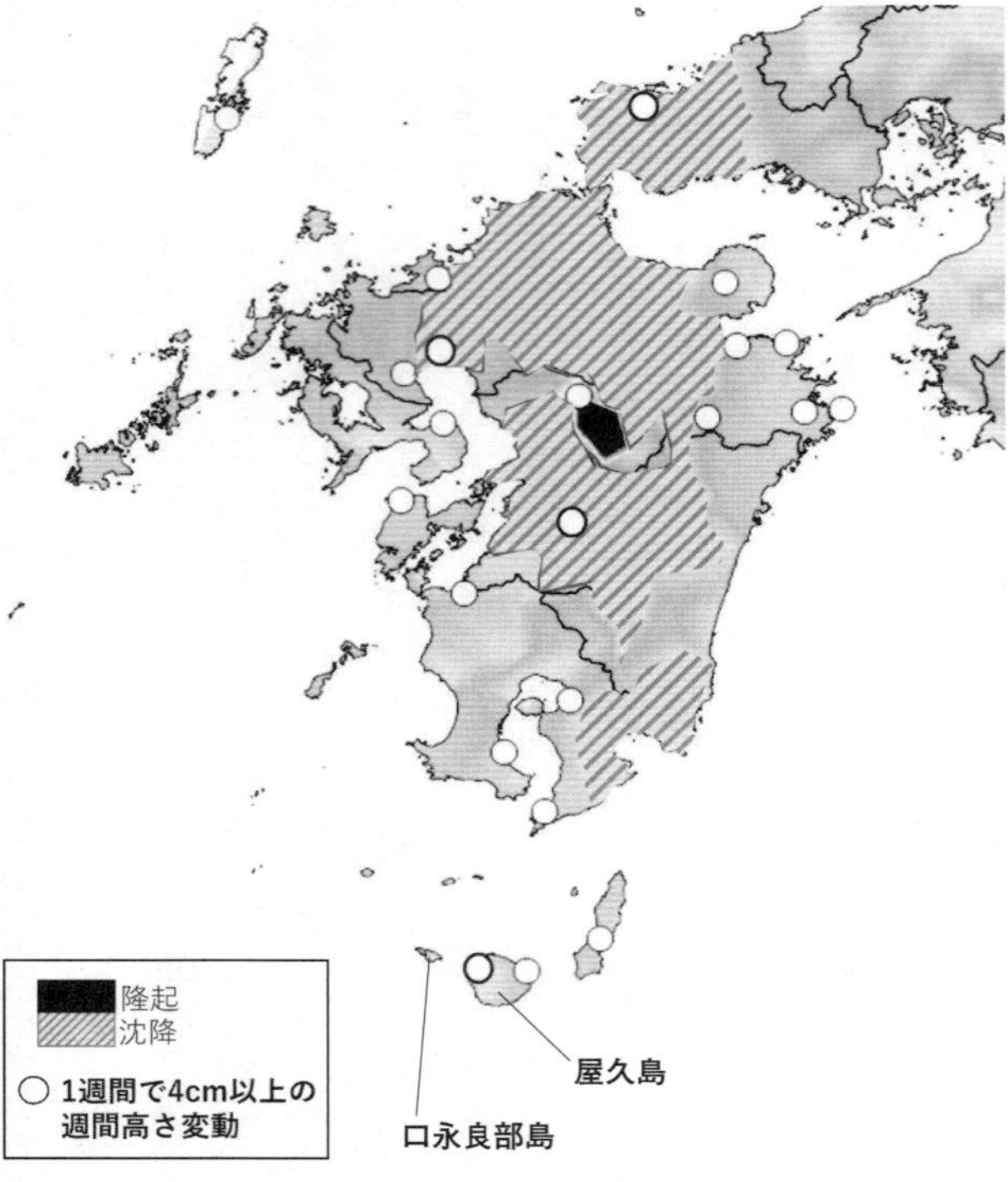

図66　鹿児島県の8年間の高さ変動
(2010年〜2017年)

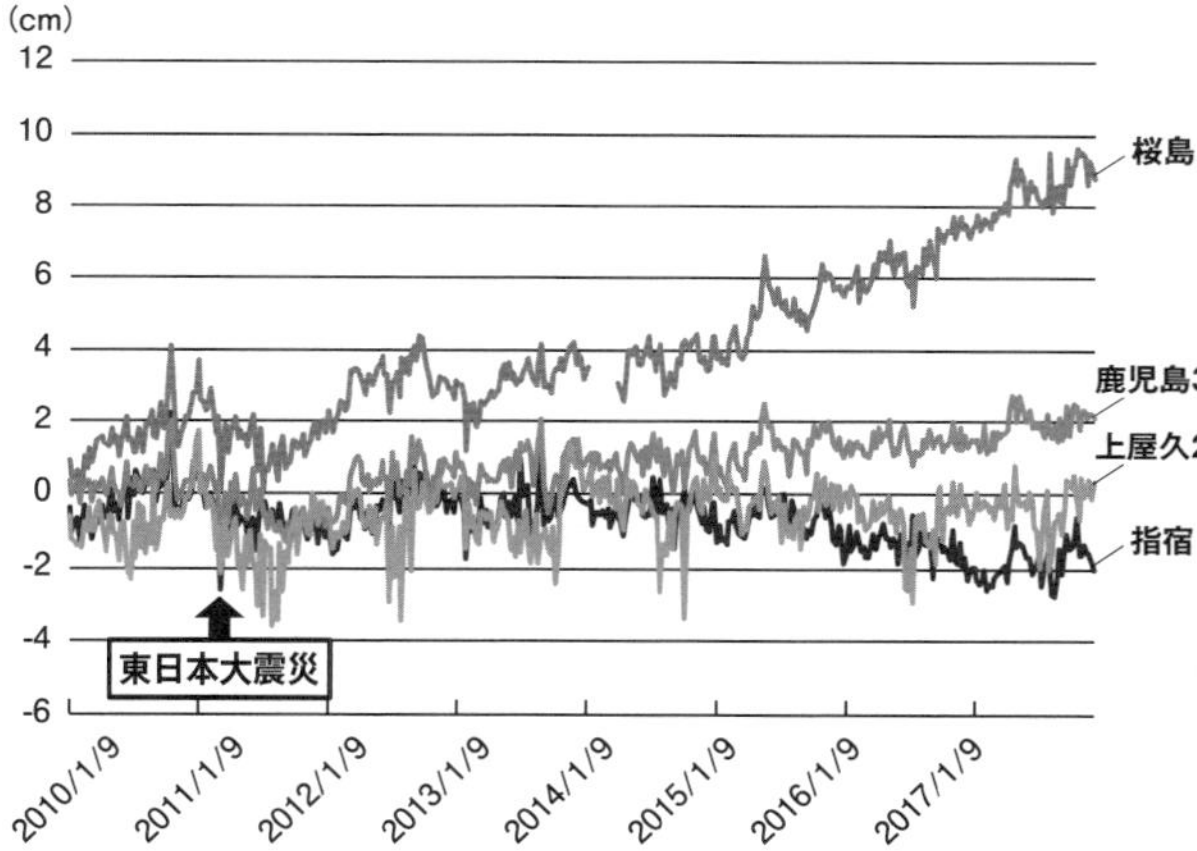

の活動が活発になることが過去の事例でもあった。実際に、屋久島に異常が出た九月から約三カ月後の二〇一八年一二月一八日に噴火が起き、二〇一九年三月一四日時点でも入山規制となる噴火警戒レベル3が敷かれている。

【図66】は、鹿児島県の桜島の中にある二つの電子基準点「桜島」(桜島北端)、「鹿児島3」(桜島南端)、鹿児島湾南部の「指宿《いぶすき》」および屋久島にある「上屋久2」の二〇一〇年から二〇一七年までの八年間の高さ変動を表している。「桜島」が大きく隆起しているのに対し、「鹿児島3」の隆起は小さく、二点間の高さ変動の差は約七センチと拡大している。火山の影響が顕著であることが分かる。「指宿」は東日本大震災以降約二センチ沈降していて、「桜島」との高さ変動の差は約一一センチと大きい。「上屋久2」は不安定な沈降の乱高下をしばしば起こしている。火山活動の影響が大きいとはいえ、九州南部はひずみが溜まっていて、地震発生の可能性があると言わざるを得ない。

■南西諸島

ここで言う南西諸島は、トカラ列島、奄美《あまみ》群島、沖縄本島、先島諸島（宮古島、石垣島、与那国島など）、大東諸島などを含む。ミニプレートを調べると、大東諸島はミニプレート③、奄美群島と沖縄本島の一部はミニプレート⑤、先島諸島はミニプレート⑥で構成されている。大東諸島はフィリピン海プレートに位置していて、高知県の南岸、伊豆半島の南端、伊豆諸島、根室・釧路などのミニプレート③と同じ動きをする。沖縄本島の中央部はミニプレート⑤と⑥の境界を成しており、不安定であることが予測される。

東日本大震災以降に南西諸島で起きた最大震度5弱以上の地震を調べると、二〇一五年五月二二日に起きた奄美大島近海地震（M5・1、最大震度5弱）、二〇一六年九月二六日に起きた沖縄本島近海地震（M5・6、最大震度5弱）、および二〇一八年三月一日に起きた西表島地震（M5・6、最大震度5弱）の三回である。南西諸島は地盤が堅固であり、マグニチュードが大きい地震であっても揺れの指標である震度は低いと言われている。しかし、先島諸島は台湾に近く、台湾で起きる大地震の影響を受けるので安心はできない。

ここでは異なるミニプレートに位置する代表的な電子基準点がどのような動きをしてきたかを見た上で、これからどう動くかを考えてみたい。ミニプレート③の代表点として大東諸島の「北大東」、ミニプレート⑤の代表点として奄美大島の「名瀬」と喜界島の「喜界1」、ミニプレート⑥の代表として沖縄本島の「宜野座《ぎのざ》」と石垣島の「石垣2」を選んで、水平方向の変動を最もよく表すXの値の二〇一八年の変動を一六二ページの【図67】に示す。

ミニプレート③の「北大東」はXの値がプラスで増加傾向にある。水平の動きに直すと、北西方向に大きく変動していることを意味する。一方、ミニプレート⑤および⑥の点は、

図67　南西諸島の代表点のXの値の変動（2018年）

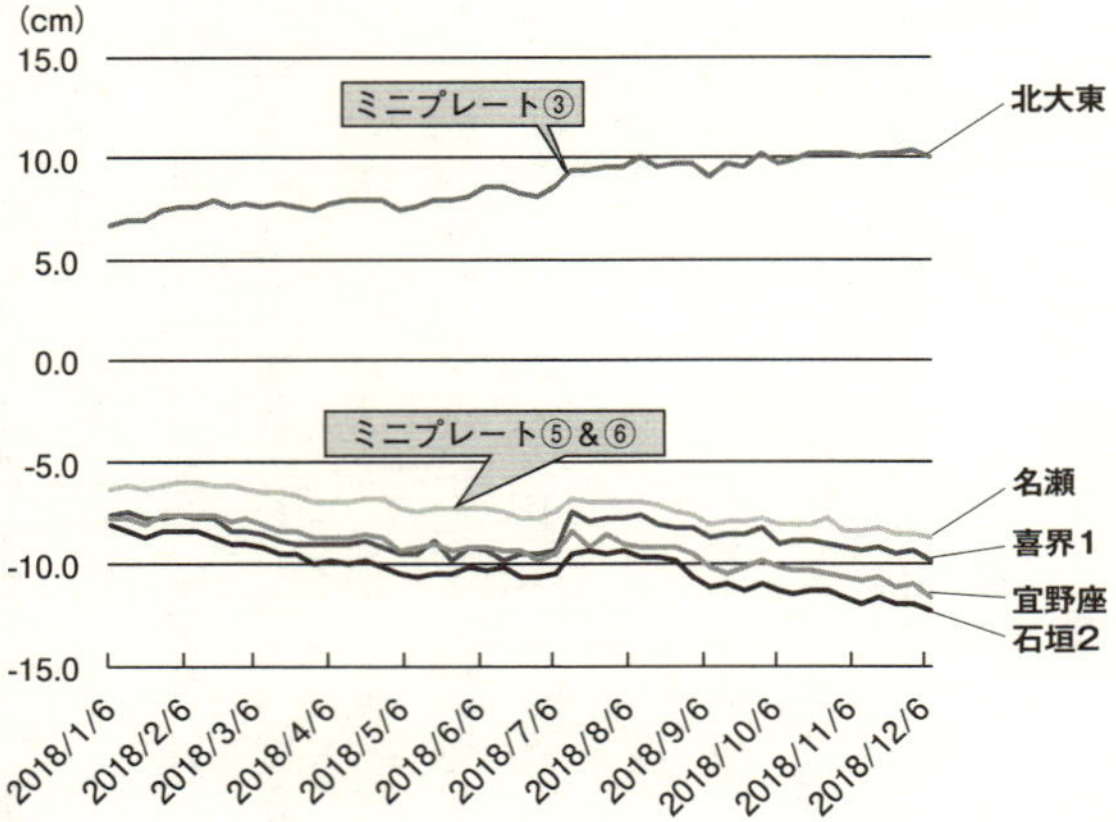

Xの値がマイナスであり、緩い低下傾向なので、水平方向の動きに直すと、南東方向にゆっくり動いていることになる。ミニプレート⑥にある「宜野座」および「石垣2」のほうがマイナスが大きいから、ミニプレート⑤の「名瀬」および「喜界1」より南東方向の動きは大きい。

大東諸島の北西方向の動きとその他の南西諸島の南東方向の動きは正反対であるから、両者は押し合っている状態である。両者のバランスが崩れたときにひずみが溜まり、地震発生の可能性が高くなる。通常は大東諸島以外の南西諸島の南東の動きのほうが大きいが、特に活発になるときは要警戒である。一六四ページの【図68】は二〇一八年二月一一日から一七日までのデータを使った水平ベクトル図である。同年三月一日に起きた西表島地震の約二週間前に、南西諸島の南東方向の水平変動が特に大きかった様相を表している。今後、このような水平ベクトルが大きく現れる様相を見逃さないよう監視する必要がある。

図68　南西諸島の水平方向の大きな変動の事例

（2018年2月11日～17日）

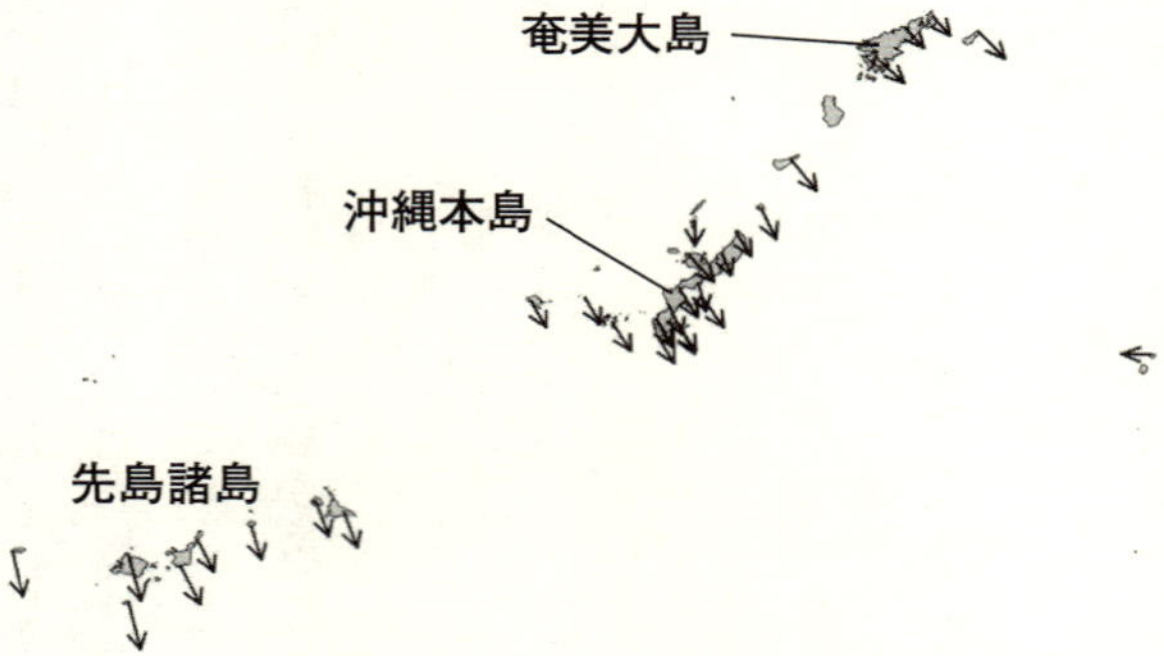

おわりに

日本では、新しい方法や技術が社会に受《う》け容《い》れられる速度が、欧米に比べてきわめて遅い。新しい科学技術の普及の遅さは日本の弱点でもある。

過去の巨大地震で数多くの人命が失われた地震大国のわが国で、新しい地震予測の方法を提案してもなかなか受け容れてもらえないもどかしさは否めない。本書のような書籍の刊行に際して、まことにありがたい機会を与えてくださった集英社に感謝したい。本書の編集に多大の協力と支援をしてくださった新書編集部の千葉直樹氏にも心からお礼を述べたい。

そして、六年前に一緒に地震予測ビジネスを創業したJESEAの橋田寿宏代表取締役と谷川俊彦常務取締役の二人に感謝したい。この二人に巡り合わなかったら、地震予測の研究は進まなかったし、世に地震予測情報を発信することも不可能だったであろう。三人が協力して、毎週月曜日に大量の測位衛星データのダウンロードを行ない、直ちにデータを分析して予測の仮原稿および図面を作成し、火曜日に地震予測会議を行なって最終原稿および図面を作成し、水曜日にさらにチェックして会員に「ＭＥＧＡ地震予測」を配信してきた。この六年間、正月も連休も祝日もない生活であった。三人で始めた会社は現在六人体制となったが、全員密度の高い業務を行なっていて、チームワークがよいのが嬉《うれ》しい。

第三章で詳述した「ミニプレート」のクラスタリングをしてくれた朝日航洋株式会社の鈴木英夫さんにも謝意を述べたい。大学時代に地質学を専攻した方であるが、測位衛星データだけで地質学的な意味のあるクラスタリングができたことに驚かれ、熱心に分析を進めてくれた。

協力や支援をしてくださる個人および企業にも恵まれている。「人の命を救いたい」という理想と「新たな地震予測方法への挑戦」という夢に同調してくれ、無償または格安でサービスをしてくれる。このようなサポーターの方々に感謝したい。

最後に、「ＭＥＧＡ地震予測」の有料登録会員にお礼を述べたい。会員がいなければ地震予測ビジネスは成り立たないだけでなく、新しい地震予測の方法の普及もできない。会員の「声なき声」を感知して、さらに地震予測の精度を高める努力をすることで返礼をしたいと思う。

本書が地震予測の教科書となり、多くの人々に読まれるようになってほしいと切に願っている。

二〇一九年五月

村井俊治

図版データ提供／（株）地震科学探査機構（ＪＥＳＥＡ）
図版作成／クリエイティブメッセンジャー
配信アプリ「ＭＥＧＡ地震予測」
月額サービス料３８０円（税込）
https://www.jesea.co.jp/

村井俊治（むらい　しゅんじ）

一九三九年生まれ。東京大学名誉教授（測量工学）。地震科学探査機構（ＪＥＳＥＡ）取締役会長。東京大学生産技術研究所教授、国際写真測量・リモートセンシング学会（ＩＳＰＲＳ）会長、日本測量協会会長などをつとめる。二〇一三年にＪＥＳＥＡを設立し、以来、毎週、メルマガとアプリで「ＭＥＧＡ地震予測」を発信し続けている。著書に『地震は必ず予測できる！』（集英社新書）など。

地震《じしん》予測《よそく》は進化《しんか》する！「ミニプレート」理論《りろん》と地殻変動《ちかくへんどう》

二〇一九年五月二二日　第一刷発行

集英社新書〇九七七G

著者……村井俊治《むらいしゅんじ》

発行者……茨木政彦

発行所……株式会社集英社

東京都千代田区一ツ橋二-五-一〇　郵便番号一〇一-八〇五〇

電話　〇三-三二三〇-六三九一（編集部）

〇三-三二三〇-六〇八〇（読者係）

〇三-三二三〇-六三九三（販売部）書店専用

装幀……原　研哉

印刷所……大日本印刷株式会社　凸版印刷株式会社

製本所……加藤製本株式会社

定価はカバーに表示してあります。

ISBN 978-4-08-721077-4 C0244

Printed in Japan

教育・心理――E

感じない子ども　こころを扱えない大人　袰岩奈々
レイコ@チョート校　岡崎玲子
大学サバイバル　古沢由紀子
語学で身を立てる　猪浦道夫
ホンモノの思考力　樋口裕一
共働き子育て入門　普光院亜紀
世界の英語を歩く　本名信行
かなり気がかりな日本語　野口恵子
人はなぜ逃げおくれるのか　広瀬弘忠
悲しみの子どもたち　岡田尊司
行動分析学入門　杉山尚子
あの人と和解する　井上孝代
就職迷子の若者たち　小島貴子
日本語はなぜ美しいのか　黒川伊保子
性のこと、わが子と話せますか？　村瀬幸浩
「人間力」の育て方　堀田力
「やめられない」心理学　島井哲志
「才能」の伸ばし方　折山淑美
演じる心、見抜く目　友澤晃一
外国語の壁は理系思考で壊す　杉本大一郎
〇《まる》のない大人　×《ばつ》だらけの子ども　袰岩奈々
巨大災害の世紀を生き抜く　広瀬弘忠
メリットの法則　行動分析学・実践編　奥田健次
「謎」の進学校　麻布の教え　神田憲行
孤独病　寂しい日本人の正体　片田珠美
「文系学部廃止」の衝撃　吉見俊哉
口下手な人は知らない話し方の極意　野村亮太
受験学力　和田秀樹
名門校「武蔵」で教える東大合格より大事なこと　おおたとしまさ
「本当の大人」になるための心理学　諸富祥彦
「コミュ障」だった僕が学んだ話し方　吉田照美
ＴＯＥＩＣ亡国論　猪浦道夫
「考える力」を伸ばす　ＡＩ時代に活きる幼児教育　久野泰可

社会——B

原発、いのち、日本人　浅田次郎／藤原新也ほか
「知」の挑戦 本と新聞の大学Ⅰ　一色　清／姜尚中ほか
「知」の挑戦 本と新聞の大学Ⅱ　一色　清／姜尚中ほか
東海・東南海・南海 巨大連動地震　高嶋哲夫
千曲川ワインバレー 新しい農業への視点　玉村豊男
教養の力 東大駒場で学ぶこと　斎藤兆史
消されゆくチベット　渡辺一枝
爆笑問題と考える いじめという怪物　太田　光／NHK「探検バクモン」取材班
部長、その恋愛はセクハラです！　牟田和恵
モバイルハウス 三万円で家をつくる　坂口恭平
東海村・村長の「脱原発」論　村上達也／神保哲生
「助けて」と言える国へ　奥田知志／茂木健一郎
わるいやつら　宇都宮健児
ルポ「中国製品」の闇　鈴木譲仁
スポーツの品格　桑田真澄／佐山和夫
ザ・タイガース 世界はボクらを待っていた　磯前順一

ミツバチ大量死は警告する　岡田幹治
本当に役に立つ「汚染地図」　沢野伸浩
「闇学」入門　中野　純
100年後の人々へ　小出裕章
リニア新幹線 巨大プロジェクトの「真実」　橋山禮治郎
人間って何ですか？　夢枕　獏ほか
東アジアの危機「本と新聞の大学」講義録　一色　清／姜尚中ほか
不敵のジャーナリスト 筑紫哲也の流儀と思想　佐高　信
騒乱、混乱、波乱！ ありえない中国　小林史憲
なぜか結果を出す人の理由　野村克也
イスラム戦争 中東崩壊と欧米の敗北　内藤正典
沖縄の米軍基地「県外移設」を考える　高橋哲哉
日本の大問題「10年後を考える」——「本と新聞の大学」講義録　一色　清／姜尚中ほか
原発訴訟が社会を変える　河合弘之
奇跡の村 地方は「人」で再生する　相川俊英
日本の犬猫は幸せか 動物保護施設アークの25年　エリザベス・オリバー
おとなの始末　落合恵子

a pilot of wisdom

集英社新書　好評既刊

羽生結弦は捧げていく
高山　真　0967-H
さらなる進化を遂げている絶対王者の五輪後から垣間見える、新たな変化と挑戦を詳細に分析。

近現代日本史との対話【戦中・戦後―現在編】
成田龍一　0968-D
人びとの経験や関係を作り出す「システム」に着目し、日中戦争から現在までの道筋を描く。

メディアは誰のものか――「本と新聞の大学」講義録
モデレーター　一色　清／姜尚中
池上　彰／青木　理／津田大介／金平茂紀／林　香里／平　和博　0969-B
放送、新聞、ネット等で活躍する識者が、メディア不信という病巣の本質、克服の可能性を探る。

京大的アホがなぜ必要か　カオスな世界の生存戦略
酒井　敏　0970-B
「変人講座」が大反響を呼んだ京大教授が、最先端理論から導き出した驚きの哲学を披瀝する。

マラッカ海峡物語　ペナン島に見る多民族共生の歴史
重松伸司　0971-D
マラッカ海域北端に浮かぶペナン島の歴史から、多民族共存の展望と希望を提示した「マラッカ海峡」史。

アイヌ文化で読み解く「ゴールデンカムイ」
中川　裕　0972-D
アイヌ語・アイヌ文化研究の第一人者が贈る最高の入門書にして、大人気漫画の唯一の公式解説本。

善く死ぬための身体論
内田　樹／成瀬雅春　0973-C
むやみに恐れず、生の充実を促すことで善き死を迎えるためのヒントを、身体のプロが縦横無尽に語り合う。

世界が変わる「視点」の見つけ方　未踏領域のデザイン戦略
佐藤可士和　0974-C
すべての人が活用できる「デザインの力」とは？　慶應SFCでの画期的な授業を書籍化。

始皇帝　中華統一の思想『キングダム』で解く中国大陸の謎
渡邉義浩　0975-D
『キングダム』を道標に、秦が採用した「法家」の思想と統治ノウハウを縦横に解説する。

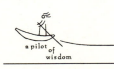